Psychological Safety

延伸Google心理安全感概念，
發揮個人最大潛能與團隊共贏

別讓不安吃掉你的人生

正向心理學學家、公共衛生醫學博士
松村 亞里／著
鍾嘉惠／譯

前言

曾經我感覺自己快被焦慮壓垮，日日夜不成眠。那是在二〇〇四年三月，我確定要在日本的大學工作，將結束在紐約的八年生活，準備返回日本時的事了。

我回到日本後沒問題吧？

我會被迫遷就日本的文化嗎？

我能勝任這份工作嗎？

我會因為不懂得察言觀色而被人討厭嗎？

我做錯事情，會被批評責罵嗎？

我以前對「日本」的印象就是，必須和所有人一樣，否則會被「集體排擠」。

日本並不是一個讓人有心理安全感的地方。

我在前往美國紐約生活前，對自我的評價很低、討厭自己，總是小心翼翼。想說的話不敢說，很在意別人對我的看法，跟人說完話之後會一直反省自己有沒有說錯話。

打工時做收銀的工作太常出錯，薪資明細上因此被註記為「低階」；在就讀的準護士學校被說：「妳很奇怪，請正常一點」；向任職的老人之家園長報告留學一事時，被園長罵：「那不是妳這種一事無成的人該做的，先掂掂自己的斤兩吧！」

老是為壓力所苦，垂頭喪氣的。

在紐約的八年生活讓我變了一個人。**在一個認為人跟人不一樣是理所當然的地方，別人會將我的「與眾不同」看作是一種優點。**無關乎當時的我，在美國只是個又窮又不會講幾句英語的少數亞洲族裔。

多虧如此，我找到了自信，願意嘗試任何事，也做出成果。我不再察言觀色，變得能夠懷著自信說出自己想說的話。我以第一名的成績從紐約的大學畢業後，進入哥倫比亞大學研究所就讀，修業完畢時，我充滿自信，覺得這世上沒有什麼我做不到的事。抬頭挺胸，大步走在曼哈頓街頭，連走路的速度也變快了。

然而如此神速的進步，仍存在著陰影……。我想就算是這樣無拘無束的我，一旦回到日本可能會被批評太過得意忘形，而遭到排擠。

不過，源自這毫無道理可言的不安預感並未成真。

我可以盡情做著有意義且重要的工作——在秋田鄉下一所新開辦的國際系統大學任教，並成立心理諮商室。人們友善、寬容，我在大學裡也獲得信任、為人所倚賴，並受到日本學生以及外國留學生們的歡迎。

一直以為讓我不能活出自我的原因是來自於日本的環境，畢竟我自出生後便毫無自信地度過二十三個年頭，但其實真正的原因是未確立自我。**如果能活出自我，這世界就會是個安全的所在**。日本這個環境也會是具有高度心理安全感的地方。

可是，假使我沒去留學，我能走到今天這一步嗎……？或許還是要歸功於像紐約那樣擁抱多樣性的環境才對。

我從在日本和美國的生活經驗中學到下列兩件事。

①人是會因為環境而改變，變得能夠自由自在地去挑戰自己、有所成長。

②一旦有了自己的風格，即便在新的環境也能打造出讓自己覺得安心的場域。

二〇一四年，當我帶著小孩返回紐約，開始在郊區生活時，我的心理安全感再度瓦解。沒有朋友，要為經濟來源煩惱，還有對孩子的責任……在熟識的日本外派人員之中，也沒幾個人能說上幾句心底話。

於是我開辦心理學講座，建立了自己的社群。那些跟著駐外的老公一同赴美的日本媽媽們回饋說：**「平常不能活出自我，但只有在這個講座上能說真心話。」**這也許已經成為懷著不安在異鄉生活的人們，唯一一個能讓他們擁有心理安全感的場域。後來這個講座已經擴展到紐約各地。

這樣說來，或許寫出這本書正是我的使命。因為多年來，我一直在從事增進自己及他人心理安全感的活動。

美國谷歌（Google）公司發現**「生產力高的團隊都有的最大共同點就是心理安全感」**的新聞，一舉吸引了大眾的目光。

「新聞中說的心理安全感到底是什麼？」

「我想了解什麼是心理安全感，並把它帶進公司的團隊」

「為了改善平時一起活動的夥伴關係，我想了解這套方法」

拿起本書閱讀的各位，肯定都是這樣想的對吧？

首先，心理安全感指的是一個人在社交中，**能否在心理不會感到不安的情況下，採取具有風險的行動，不會因為說錯話或是挑戰失敗而遭到責備，行為舉止能不能活出自我**。換言之，心理安全感可說是人際關係的本質。既然如此，那所有人都能建立心理安全感。

其次是要如何將它帶進生活之中。**關鍵字是「幸福」**。心理安全感是一種讓我們自己，以及周遭的人或整個團隊都能獲得幸福的工具。

如果能理解這點並採取行動，即可**打造一個具有心理安全感的環境，多數人會為了得到幸福而去「挑戰」與「成長」，成員的生產力也會自然提升。**

正向心理學提供了前述問題的答案，本書將根據正向心理學，深入淺出地為各位介紹：

- **所謂的心理安全感是什麼？**
- **為了擁有心理安全感，每個人該如何行動？**

不僅企業或組織內的成員可以加以運用，同時也可以活用在所有人群聚集的場域，如：家庭、伴侶、朋友、教室、補習班、體育團隊。但願本書能對活在當下的許多朋友有所幫助，讓各位得到快樂和成長。

二〇二二年三月

松村亞里

別讓不安吃掉你的人生　目次

什麼是心理安全感

建立能夠為幸福和成長同感喜悅的關係

第2章

自我效能

不知道會不會順利，總之就是做做看！

自己的行動自己決定，並尊重他人的主體性

釐清現今所做之事的目的和意義

擁抱人們的差異，接納「原本面貌」

看到每個人的長處，綻放心理安全感之花

內文插畫 伊藤ハムスター
編輯協力 藤原裕美
圖版 トレスクリエイト
DTP NOAH

什麼是
心理安全感

「歡迎大家挑戰！」

這句話是我在自己主持的線上沙龍「Aris Academia」上，對參加成員設下的「場域規則」。

在那裡，即使有人失敗，**沙龍的大家也會用溫暖的眼神在一旁守護著**。

「人就是因為失敗，才能學會許多事」

「失敗和成功都是通往同一個方向」

「即使一再失敗，『挑戰』仍然具有價值」

大家都是這麼想的，所以即便有人失敗也不會責怪，並能彼此交換意見。

而且如此一來，**成員會變得愈來愈勇於挑戰自己**。

甚至有人以前連Facebook都沒用過，自從在群組內結交到同伴之後，辦了一

場又一場的活動，技能在不知不覺間增強，成了工作單位裡最熟悉線上會議的人，還負責承辦大型活動；或是有位家庭主婦，後來成了Zoom的培訓助理，開始上班賺錢……。

可是，這些並非一開始就是如此水到渠成的。是我**綜合運用了對心理學二十多年的學習和實踐，刻意想方設法來增強心理安全感**，沙龍才會變成如今這樣，成員會源源不斷地發起自主性活動。

若不是親身經歷過，想必會摔破大家的眼鏡，竟然有一個沙龍會讓人如此想要積極參與。沙龍主人不必事先刻意安排，群體內的學習和連繫就會自然而然地發生。

只要掌握住重點，不論任何人在任何地點，從哪裡開始、何時開始，都能建立心理安全感。而且**只要情況適合，挑戰、成長、幸福都會自然發生。**

當我說到這裡，就會嚇到許多人，尤其是在企業和組織常常會遇到，比如：

「一失敗就會被責備」

「就算有想做的事也不敢主動提出」

「懂得察言觀色是最重要的」

這樣的話人是無法展開挑戰的。

長此以往既無法提升組織的生產力，也無法有所創新。不增進心理安全感而期望組織能有更好的發展，就像是不給植物陽光和水，卻命令植物「要長大」一樣。

心理安全感在新冠病毒肆虐的日本變得更為重要。線上的工作增加，企業要像以前那樣管理人員已更加困難。創造一個會讓人真的有心想進行，能夠以自己的意志與方式、不怕失敗地勇於挑戰的場域，在未來的社會尤其重要。

所有人都能保有「原本面貌」的地方

所謂**「有心理安全感」，指的是所處的環境願意溫暖地照看成員們的挑戰和失敗**。最初定義這個詞彙的哈佛大學教授艾美・艾德蒙森（Amy C. Edmondson）是這麼說的：

「團隊成員的共識是，即使會面臨人際風險也是在安全範圍內的。」

換句話說，**「團隊的每一位成員都能放心地做自己，輕鬆表達自己的意見，保持良好關係」。並且自此孕育出挑戰的勇氣。**

自從美國谷歌（Google）公司當初發現心理安全感是「高生產力團隊」的一項

特徵，往後人們似乎多半只關注它有助於提升企業和組織團隊生產力的面向。但其實只要是**兩人以上的關係，諸如線上的社群、實體社群、朋友、學校、家人、親子，一切的關係都適用**。

此外，心理安全感在談「如何跟人建立關係性」的同時，在那樣的關係性中非常重要的關鍵是「自己是什麼樣子」。

即使在有心理安全感的場域，如果你不斷攻擊別人，或老是硬要顯得比別人優越，就表示那裡是「沒有心理安全感」的場域。但相反的，**不論你現在身處怎樣的環境，要是理解了建立心理安全感的方法並銘記在心，就有辦法加以提升你的心理安全感**。

你可以在任何地方打造這樣的環境，而不是一味等著別人提供這樣的環境，不覺得會躍躍欲試嗎？

幸福會提升個人和團隊的生產力

這裡我要稍微談一下作為本書理論基礎的正向心理學。

正向心理學是一門，以科學方法研究我們如何活得幸福快樂的學問。正如次頁的**圖表1**所示，在此之前的**臨床心理學是把疾病從「負3」的狀態治療到「0」的狀態，雖然可以做到消除問題的程度，但並不能繼續讓人提升到「正3」**，**也就是「幸福」的狀態**。

舉例來說就是，憂鬱症患者接受心理諮商雖能治病，但無法達到患者的終極目標——幸福。於是，一九九八年美國心理學者馬丁・塞里格曼（Martin E. P.

圖表1　使人幸福快樂的正向心理學

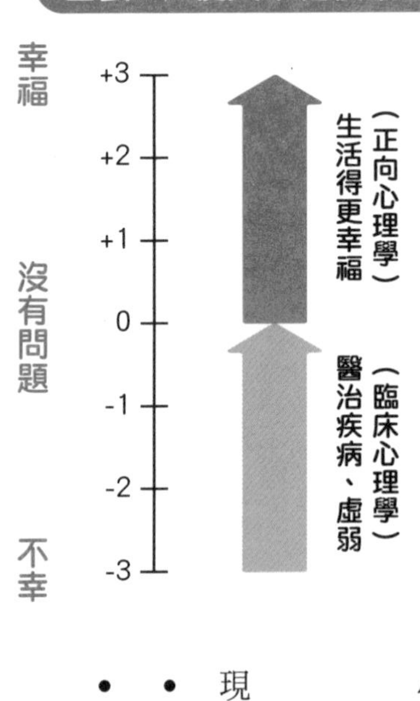

Seligman）提出：「那應該來研究如何讓人幸福」，這就是正向心理學。

在那之後持續研究正向心理學，現在已被廣泛應用於商業和教育實務等等。也就是用科學手法，驗證一直以來心靈成長類型所談論的課題。

這樣的正向心理學有幾項重大發現，顛覆了我們以往的常識。

- **人不會因為成功就得到幸福。**
- **可是人如果是幸福的，生產力就會提高，也容易獲得成功。**

這些發現被稱為「**快樂優勢**」，與社會上存在的普遍認知正好完全相反。

圖表2　心理安全感是與幸福息息相關的要因

層面	增進「幸福」的要因
心理面	心理安全感、感恩、正念、Savoring（回憶並品味過去美好的事）、心流體驗（做能讓人忘我的事）、樂觀性（做理想中的自己）、不想太多、不與他人比較、Satisfier（處理問題適度、得宜）
身體面	愛惜身體（運動、冥想、注重營養、休息等）
社會面	連繫、意義感、心流（跟人一起打電動等）、加入某個社群並對所屬社群有貢獻、經濟上的安全感
長處	讓人看見自己的「長處」、了解並利用自己的長處

人一旦想到「我說這種話不知道會被人怎麼說」、「我很想挑戰，但要是失敗了一定會被責怪，而感到不安」，**懷有這類負面情緒，眼界就會變狹隘，漸漸只能應付眼前的事**。這與人類原本具備的自我防衛本能有很深的關係。

相反的，一旦開始想著

「大家都支持我」
「只要嘗試我也做得到」
「我要有清楚的目標，自己做決定！」
「我覺得挑戰非常快樂！」

抱持這種正面情緒，眼界就會開闊，並能敞開心胸放心去挑戰。這麼一來，自然而然技能也會提升。

這就是為什麼幸福的人容易成功。事實上人的情緒一旦變得積極正向，瞳孔就會放鬆，使視野變寬。

讓我們來看看前頁的**圖表2**。它匯整了正向心理學上經過科學驗證，能增加並維持幸福感的行為習慣和要因。比方說，人一旦與其他人分享正面情緒，便能增進彼此的關係性，覺得幸福。

心理安全感是與幸福息息相關的要因，同時是有助於我們度過幸福人生的一項能力。

目的是幸福和成長。只要幸福，一切就會順利！

已證實心理安全感重要性的谷歌公司以及歐美的先進企業，現在都設有名為

Chief Happiness Officer（CHO）的職位，專門負責管理員工的心理健康。

其目的是讓員工得到幸福。個人如果能幸福，就結果來看，整個團隊也會幸福、提高生產力，不過說到底設立此職位目的終究還是，**讓每一個人都能變得幸福和持續成長**。

假使用過去常見於日本組織的堅毅精神，設定以下的目標

「加油！我們要增進心理安全感！」

來控管內部成員，肯定會導致每個人失去自己的個性和自律性。而且成員們也會發現「會這樣呼籲是為了讓我們努力工作」，使得它不再只是一個打造心理安全感的活動。

因此，重要的是**「建立心理安全感的目的是什麼」**。

如果企業和各個社群都能釐清目的和意義是下列這樣的話：

「希望你能幸福，所以提高心理安全感」

「要打造一個能夠讓人幸福、成長且感到安全的團隊，以貢獻社會」那麼個人和團隊成員就會幸福，也會提高生產力，之後自然會事事順利。

一直待在舒適區就無法進步

前些時候一位在某企業擔任部長的女性這樣對我說：「我的部下們關係性非常好，工作也很認真盡責。可是，沒有人會主動提出：『我想做這個！』大家都只想跟別人一樣就好，一定要我分別交派任務給他們才行。」

這種情況想必是許多主管都有的煩惱。如果用次頁的**圖表3**來解釋，就是**部門內的人一直停留在正中央的舒適區**。

如同心理學的觀點，要打造具有心理安全感的環境有兩個重點：①「把負3變成0」；②「從0提升到正3」。換句話說就是：

圖表3　心理狀態的三個區塊

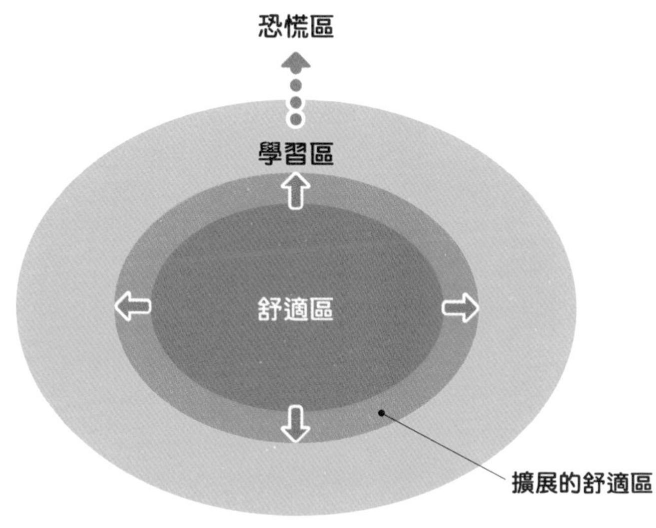

①去除「被責怪」、「挨罵」這一類不安的因子

②以成長和幸福為目標

以剛才的例子來說，部下們一直待在舒適區，表示雖然已達成①的「從負3到0」，但未到達②的「正3」狀態。

此舒適區是一種沒有絲毫不安的狀態。學習區是踏出自己目前所在之處去挑戰的狀態，進入這一區會讓人成長。恐慌區則是因挑戰超出自己能負荷的程度而感到恐慌的狀態。

舉例來說，讓一個小學六年級的小

孩去寫大學一年級學生的功課，他一定會陷入恐慌：

「這是什麼？我完全看不懂！」

可是如果是把小學四年級的習題拿給小學三年級學生去寫，那就是在挑戰學習區：

「這個我可能會寫。來試試看！」

也就是說，以每個人的技能與課題的難度是否相稱來看，**課題難度略微超出個人技能的就是學習區；課題的難度低於技能就是舒適區；難度過高的是恐慌區。**

以先前提到的女性部長為例，部下一直停留在舒適區，只要這樣的狀態維持不變，工作便能處理到一定的水準，又能與周圍的人平起平坐，就個人的角度來看可以很放心。可是，**在這樣的環境中不會有成長，也不會因為覺得工作有意義而感到幸福。**

心理安全感是為了「勇氣」！

那麼，怎麼做才能讓每一個人都勇於挑戰呢？

各位都已知道答案了對吧。那就是打造一個高心理安全感的環境。人的心理安全感一變高，就算內心有點忐忑也會去挑戰。

現在讓我們再看一次二十七頁的**圖表3**。正如圖上的粗箭頭所示，所謂的挑戰，就是在舒適區和學習區之間不斷往返。一再嘗試、一再失敗，人就是透過這樣再三反覆挑戰來吸取各種經驗，逐漸成長。

我們會隨著重複這樣的行動，透過持續不斷的挑戰，慢慢地將自己所在的舒適區往學習區擴展開來。

旅行也是如此。起初一個人獨自挑戰東南亞自助旅行。在那裡經歷了各種體驗後，下一次把舒適區擴大到去印度、中東、非洲旅行。當你這麼做時，可以輕鬆前往的地方會慢慢地愈來愈多，開始能自由地在世界各地旅行並感到幸福。

而另一方面，拒絕上學或是長期閉門不出的孩子，舒適區可能還在非常狹小的狀態。他們對出門感到不安和害怕，所以不願挑戰任何事物，一直留在原地。在那裡，除了家人等親近的人，不會再與其他任何人產生關係性，也無法透過行動獲得「自由和幸福」。

談到不安和恐懼，**人愈是認為「這件事對我很重要」，或者愈有能力完成那件事，不安和恐懼便會愈大。**

這裡我要為各位介紹一項非常有意思的研究「**刻板印象威脅**（Stereotype

圖表4　刻板印象威脅與男女生數學得分率的關係

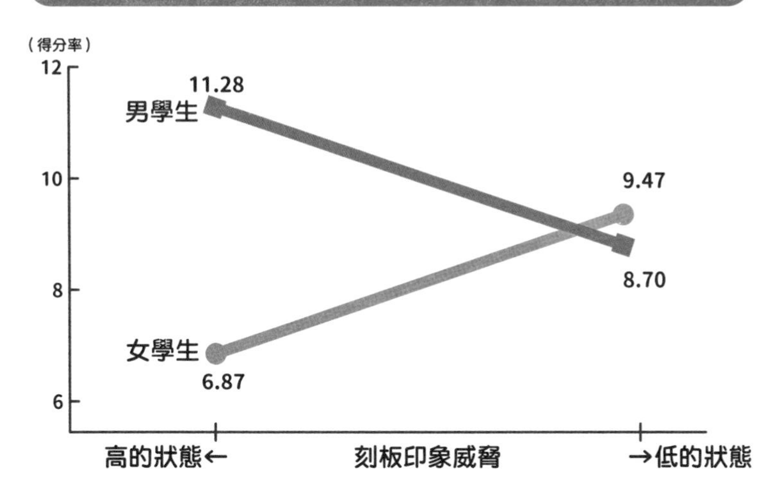

資料來源：Linking Stereotype Threat and Anxiety.Osborne（2007）

threat）」。

美國人有許多刻板印象，如：「女生的數學沒有男生好」、「黑人學生的學業成績不如白人學生」、「白人學生的體育沒有黑人學生厲害」等。

如**圖表4**所顯示的，研究人員在實驗中先說明「這是一場遊戲」，再將男女分組進行數學測驗，這時男女生的分數分別是八・七〇和九・四七，兩者相差無幾；但如果先聲明「這是考試」，女生組的分數立刻驟降到六・八七。

學校的考試也是同樣的情形，即使白人學生和黑人學生在測驗時本該都能得到差不多的分數，但只要一說「這是很重要的考試」，黑人學生的分數則立刻大幅下滑。

這是當社會長期對一個群體抱有偏見時的現象，**因為感受到威脅而心想「要是做不好的話怎麼辦？」**在如此的現象當中有一些人會無法發揮平常的表現，那一般會覺得這些人是怎樣的人呢？

答案竟然是**「非常喜歡那件事且有實力的學生」**。表現下滑得尤其嚴重的是很喜歡數學、成績又好的女學生；喜歡念書、成績好的黑人學生；還有喜歡籃球、有實力的白人學生。

在我曾任教過的日本某大學，學生為了出國留學，托福英語測驗必須考到五百五十分以上。而愈是看重這件事的人，愈常在考試當天出現腹痛的症狀。

這就是擔心會出現不好的結果而感到焦慮，導致身體出問題的情況。甚至有學生因為這樣每次都沒辦法去考試，所以一直無法出國留學。

我自己則是在第一次出書時感到非常害怕。因為對我來說，出書是件非常不得了的大事。

所以說，**即使感到不安，如果那件事很重要，無論如何就是不能逃避。**

建立心理安全感是為了讓成員拿出勇氣。

進而去挑戰，說出自己認為重要的話。

心理安全感不是為了讓人一直停留在舒適區，希望各位能牢牢記住這一點。雖然說「不安永遠存在」，只是程度大小的差別，當你在嘗試某件事時，最好保有「稍微有點不安是可以的」的認知。當你覺得不安卻仍然採取行動，那就是勇氣。

一旦有心理安全感，即使害怕也會去挑戰。此外，如果那件事重要到會讓人感到「害怕」，那麼對我們來說，為了幸福而去提升心理安全感就更加重要了。

綻放出「心理安全感之花」！

談到這裡，各位覺得如何？

是否對本書的主題「心理安全感」，或多或少有更多一點的理解了呢？

現在讓我們來看看次頁的**圖表5**。

此圖表匯整了我學習了二十多年心理學，以及長期為提升心理安全感所做的眾多努力之成果——從事心理諮商、於大學講課、為駐美外派人員的妻子（同時也是媽媽）們開班授課、為想在工作中運用正向心理學的人開設線上課程、研究會、沙龍等等，終於逐漸看清的心理安全感要素。

這個就是我充分運用在此之前所學的臨床心理學（從負3到0）、公共衛生學（防止從0掉到負3）、正向心理學（有助於從0提升到正3）及其他領域的所有

圖表5　心理安全感之花

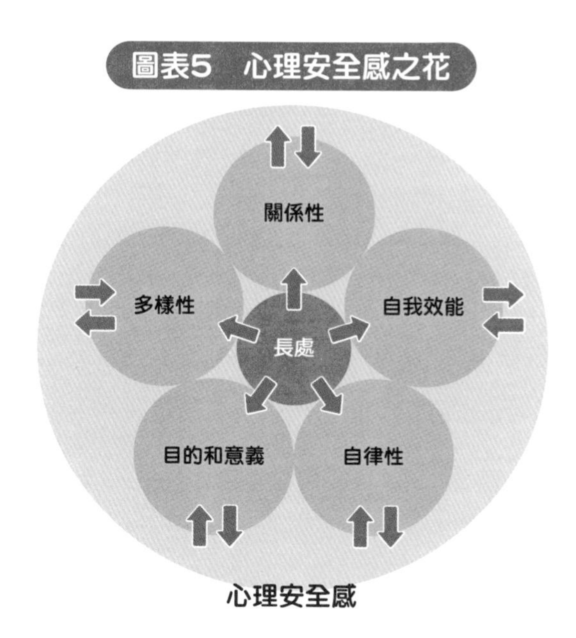

知識，想方設法找到的「六大要素」。

構成這幅花朵般的要素有：關係性、自我效能、自律性、目的和意義、多樣性及長處，存在以下的相互關係：

- **提高這些要素，心理安全感就會提高**
- **提高心理安全感，各項要素也會提高**

即使宣示要「提高心理安全感」，我想各位也是會感到丈二金剛摸不著頭緒，不知要做什麼才好。但只要學習提高每一項要素的方法並身體力行，自然而然地就能提高心理安全感。

這裡重要的是，**這些要素都是人的**

基本心理需求，其實是我們與生俱來的東西。所以不需要強行灌輸，只要不阻礙它發展就行了。

把「長處」擺在花的中心，是因為它與所有花瓣都關係密切。性格長處同時也是正向心理學的核心概念。在人際關係中慢慢提升心理安全感，即意謂著**以自己性格長處為中心，讓所有花瓣一個一個綻放開來。**

「建立能夠為幸福和成長同感喜悅的關係！」——**關係性**

「不知道會不會順利，總之就是做做看！」——**自我效能**

「自己的行動自己決定，並尊重他人的主體性！」——**自律性**

「釐清現在所做之事的目的和意義！」——**目的和意義**

「擁抱人們的差異，接納「原本面貌」！」——**多樣性**

透過這樣思考並實際行動，看見自己和他人的性格長處，將促使心理安全感之花自然綻放，逐漸成長。

接下來的第1章，終於要開始詳細講解這六大要素。這些要素將有助於我們讓「心理安全感之花」真正地綻放，並促使我們採取行動。

心理安全感是提高生產力和幸福感的最強大工具。按順時針方向依序檢視**圖表5**的各項要素，雖然會比較有助於提升，但從你現在做不好的部分讀起並嘗試做做看，當然也是可以的。

從感覺自己做得到的部分開始，一樣一樣付諸執行，以綻放出你自己的「心理安全感之花」吧！

另外，本書在**每一章的最後都準備了一份確認單**。請逐項檢視你和你所屬的組織、社群、周遭朋友、家人等，目前是位於怎樣的達成度。若有未做到的項目，不妨有意識地採納進日常生活之中。

來吧，不知道你會開出什麼形狀和顏色的花呢？

一起來為你和你團隊獨有的「幸福」採取行動吧！

建立能夠為
幸福和成長
同感喜悅的關係

好的「關係性」是心理安全感的根本

從這裡開始，我要來談提升心理安全感的基礎，也是最重要的一項基本需求——關係性。

重新思考心理安全感的定義——團隊成員的共識是，即使會面臨人際風險也是安全的。也能從中看出關鍵在於關係性。

若能建立良好的關係性，心理安全感就會大幅提升。

因此，雖然很突然，但我要提出一個問題。

你認為，一位母親擁有關於教養最有力的資訊和技能，或是擁有品質良好的連繫，何者對幸福的影響比較大呢？

「談再多的關係性，都不及具有資訊和技能重要吧？」

我感覺會聽到這樣的心聲。我也曾經在剛開始教養小孩時，掉入這個陷阱過。

答案其實是「**品質良好的連繫**」。我們已經從教養相關的研究中得知，即使擁有再多的資訊和最厲害的技能，在精神和肉體上，一個人單打獨鬥都有其極限。

與伴侶、親人、朋友或是社群成員等有良好的連繫，能互相討論關於教養的話題、互相幫忙的話，在養育小孩的過程將會更加幸福。人與人之間的關係性就是如此的重要。

要是「品質良好的連繫」和「品質良好的資訊和技能」兩者皆空的話，人不會往好的方向改變。這是我長年在教育第一線教授心理學、從事心理諮商的經驗中，摸索出的結論。

這樣**良好的關係性不僅會帶來幸福，也與挑戰和成長息息相關。**

現在我要為各位介紹證實這件事的心理學者哈里・哈洛（Harry Frederick Harlow）對失去母親的猴子寶寶所做的實驗。此項實驗中，會給一旦失去母親就會夭折的猴子寶寶兩個玩偶媽媽，一個是拿著奶瓶用鐵絲製作的假媽媽，另一個是沒有奶瓶但有溫度的布製玩偶。結果猴子寶寶比較喜歡布媽媽，一天中大半時間都在籠子裡與布媽媽一起度過。

在這個階段，我們可以說，猴子寶寶和布媽媽之間已**培養出良好的關係性**。

於是，這回研究者在猴子寶寶單獨與鐵絲媽媽和布媽媽相處時，分別給予新的熊布偶。起初猴子寶寶不論和哪一個媽媽在一起，都非常害怕熊布偶。

但過一陣子之後，和鐵絲媽媽在一起時，牠仍害怕地一直蜷縮在籠子的角落裡；而與布媽媽在一起時，起初牠雖會抱著媽媽不放，但牠慢慢地對熊布偶產生興趣，並開始靠近它！

而且，**牠一感到害怕便立刻跑回布媽媽身邊，之後又再次靠近熊布偶……一直重複這樣的舉動，最後和熊布偶玩了起來**。

這證明了由於媽媽變成「安全基地」，所以寶寶才能去挑戰與成長。

社會上存在一種觀念，認為要是為了孩子的成長好，就應該要嚴厲得如同將他們推下懸崖一般，但這樣並不是合乎目的的行動。為什麼呢？因為**親子之間要有良好的連繫作為安全基地，人才會成長**。

不只小孩，大人也需要安全基地。起初只有在我的線上沙龍內，才敢表態「挑戰」的人，現在也敢在外面的世界挑戰了。希望各位在建立社群、團隊或是個人之間的關係時，能把**建立品質良好的關係性——心理安全感的基石，視為第一要務**。

Action Point

無論做任何事，都要把建立「良好連繫」擺在第一位！

有好的關係性，工作更愉快

「工作的時候，才不需要什麼良好的關係性！」

在企業之類的組織裡，不少人會這麼說。

「只要認真做好自己要做的事就行了」

「最重要的是如何讓作業有效率地進行，並取得成果」

像是這類的意思對吧？我想這樣的想法無所不在。

不限於在組織之中，當想要做一件事時，往往許多人都會把與人的關係性擺在後頭。在此有個很有趣的數據，一起來看看吧！（見次頁的**圖表6**）

圖表6　辦公室人際關係的品質與投入度

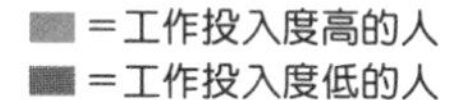

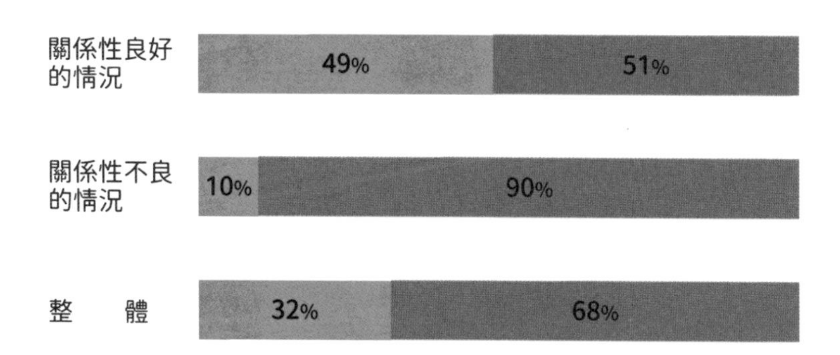

資料來源：The Economy of Wellbeing. Rath & Harter(2010)

這是將美國員工感受到多少「工作樂趣」的研究結果，匯整之後製成的圖表。

員工對於工作感受到的「快樂」，也就是一般所說的充實感或是工作熱情，我們稱之為「工作投入度（Work engagement）」。已知**工作投入度提高的話，員工的幸福感（Well-being）也會提高**。

現在我們來看圖表，「職場關係性不良的人」，只有百分之十會覺得「工作很快樂」。

而另一方面，「職場關係性良好的

人」，有幾近半數、百分之四十九的人是很享受在工作之中的。兩者之間的差距將近有五倍。

辦公室的人際關係和工作投入度，彼此之間的相互影響就是如此顯著。

組織對員工的態度一直隨著時代在改變。

原本是以提升顧客滿意度為首要目標，員工被排在第二；後來開始關注於排除員工「工作上的不便」，進而轉為思考「工作簡易化」的措施。

接著又注重工作投入度這一面向，希望員工能享受工作、樂於工作；**現在更進一步以員工的「幸福感」和「獲得幸福」為目標——這些的基礎即是關係性。**

目前日本致力於提升心理安全感的舉措之中，有一些的目的就在於打造這樣的環境。

然而誠如我在序章提到的，**心理安全感是獲得幸福的工具**。

我們的最終目標應該是**提高工作者的工作投入度，並增進更深一層的幸福＝個人幸福感**。

若能感到快樂，生產力和顧客滿意度都將水到渠成！

這不限於如企業之類的組織，個人之間的關係也是一樣的。

為了讓成員擁有行為的動力和幸福，第一步就是建立良好的關係性吧！

Action Point

如果希望員工工作得愉快，首先就要建立良好的關係！

要兼顧縱向和橫向的關係性

「啊？縱向和橫向的關係性，心理安全感不是領導者要去建立的嗎？」心理安全感乍看之下好像只涉及上司和部下之間的縱向關係，所以應該不少人會這麼想。

但事實上，**橫向的關係性也非常重要**。

舉例來說，我在做心理諮商時，案主和我屬於縱向的關係性。對於案主來說，只要來我這裡就會有人聽自己說話，也不會被人責備，所以彼此是有心理安全感的關係。

可是，如果打算只靠這點程度的心理安全感就去解決自己的問題，症狀其實很難改善。因為案主一回到家，就沒有像我這樣能讓他有心理安全感的人了。因此我會問案主：

「你現在告訴我的事情，還有其他人可以說嗎？」

「你會怎樣跟那人談這件事？」

既然需要跟別人談，那麼如此的問答也是一種練習。

也就是說，**培養**我不在場時**與人建立橫向關係性的能力很重要**。而且，如果案主能夠跟別人談了，我就會問他：

「談了之後覺得怎麼樣？對方做何反應？」

這時絕大部分的人都會確實感受到對方接納了自己。而當我們這麼做時，**即便是外面的社會，也會有愈來愈多能讓自己感到心理安全感的關係性。**

一旦能夠做到這一步，案主便能從我這裡畢業了。

說到改善關係性，我們會不知不覺就把焦點放在如上司、部下這類的縱向關係性上，但同時培養橫向的關係性對提高心理安全感也很重要。意思就是，**取得縱向**

和橫向的平衡非常重要。

我的線上沙龍除了一個月一次的心理學講課之外，還有很多由志願者發起的活動。就此建立起橫向的連繫，當成員中有人有事要商量，**大家就會一起出主意：**

「那個這樣做就行了，不是嗎？」

常常就在如此的過程中解決了問題。

沙龍裡有各種像這樣的機制，橫向的連繫業已形成。關係性不僅限於我這個出身學界的主持人而已，**一旦數百名成員彼此互相支持，就會形成一個具有高度心理安全感的網絡。**

這在任何教室或公司都一樣。比如，當你身為一位老師或上司，

- **如何與學生或部下相處？**
- **怎麼做可以讓學生或部下之間發展出友善的關係性？**

在這兩方面的用心都很重要。

非常關鍵的是，你不僅要自己實踐這些技巧，還要鼓勵身邊的人也這樣做。

為此，請徹底學習本書的技能並讓它們派上用場！

Action Point

不只是「縱向關係」，也要建立互相支持的「橫向關係」

全員都能活出自我是最理想的關係

標題中的「全員」指的不只是成員，還包括場域中的領導者。**在高心理安全感的關係性中，人們可以放心地坦露出自己原本的樣貌**。也就是企業的團隊、社群、家人或朋友等，所有關係性中的每一個人都能保有「原本面貌的自己」。

各位平常應該也有這樣的經驗吧？

當你與人見面，只想讓人看到自己好的一面，對方也會用同樣的態度對你。雖然不論對象是誰都如此，**但如果想建立具有高心理安全感的關係，活出自我是其中的基本**。

為此，負責打造場域的領導者最好也要先這麼做。

而這時需要的領導者是「真誠的領導者」。「真誠（Authentic）」是正向心理學者經常使用的詞彙，它含有以下的意思：

①言行一致——別人看見的自己和真實的自己一樣

②活出自我——不勉強硬撐、不裝模作樣

簡而言之，作為打造場域的領導者，**必須是一位活出自我、言行一致「誠實的人」**，而非以往在組織中經常說的「帶領人的能力」和「與生俱來的資質」。

所以說，**最好是也能向成員自我揭露自己性格上的「短處」，而不是光只說「長處」**，我會在第6章詳細說明這部分。

舉個例子，當成員一再挑戰卻失敗，而心灰意冷時，先接納對方的心情說出：

「原來你是因為失敗才意志消沉」

然後以自己的方式坦白告訴他：

「至今為止我也失敗過很多次，也會有負面情緒」

這麼一來對方就會覺得：

「是喔，這人以前也是這樣！」

於是能打起精神，而最重要的是雙方能建立起無話不說的關係。

此外，當我在課堂上遇到回答不了的問題時，會盡量問大家：

「啊，這個我也不懂。有誰知道嗎？」

一旦讓其他人看見自己的短處，成員們就會覺得「原來這樣沒關係」，使得心理安全感增加。

打造有心理安全感的場域，需要的是不模仿他人，而且能誠實地向成員展示自己的價值觀和信念的領導者。

Action Point

揭露自己的短處，好讓成員更能活出自我

去除破壞人際關係的「四種毒素」

來吧！現在開始進入正題，建立具有心理安全感的關係性時，有哪些必要的重點呢？一起來掌握吧！

要建立這樣的關係性需要以下兩種技巧：

①預防「從負3變成0＝關係變差」的技巧

②促進「從0提升到正3＝關係更好」的技巧

①技巧的最初重點，**是減少破壞人際關係的「四種毒素」**。指的是：

- **批評**
- **侮辱**
- **自我辯護**

・逃避

首先要竭盡所能地將這四種行為的程度減到最低，以免製造出負3的惡劣關係性。為此需要制定不易引發這些行為的準則，並讓所有場域的成員都知道。

避免製造出這四種毒素的行為準則有以下四點：

①不批評人，而把焦點放在行為上

這邊的批評，指的是像「你就是怎樣」般，責怪對方的人格、性格、能力。這和對他人行為所表達的不滿有所不同。比方說，這樣責備遲到的人就是批評，

「你怎麼這麼沒責任感！」

但提及行為造成你的困擾就是不滿，

「無法準時開始，讓我感到很困擾」

批評中**尤其要注意「你老是怎樣」、「你每次都不肯怎樣」之類的話語。「每次都」含有「毫無改進」的意思，自然會變成對人格的批判。**人的性格和能力沒辦法立刻說變就變，因此批評這部分很容易讓人感到無力、焦躁，覺得自己遭到攻

擊，於是開始防衛。

而行為卻可以改變，所以能有所期待。**讓我們聚焦在對方的行為，避免責怪對方，爽快地說出希望對方怎麼做吧！**

②不侮辱人，而關注對方性格上的長處

侮辱指的是**瞧不起人的言行或看法，如：「你這種人做不來的」。嘲笑、諷刺、挑釁也包含在內。**

所謂有心理安全感的關係性是互相信任的，所以侮辱是完全相反的行為。

岔題一下，有研究報告指出，當人處在這種經常受辱的關係中，罹患感冒或流行性感冒的機率會很高，有時連免疫力都降低。**讓我們聚焦在他人的能力和性格長處上，選擇相信他人的可能性，並試著談一談為此需要些什麼，**而不要侮辱他人。

③自己有錯就道歉，別為自己辯護

所謂自我辯護，**就是認為「我沒有錯，問題在你」**，是為自己辯解。這裡的問題在於怪罪別人，因而失去了由自己出言道歉的機會。

所以**當你讓人感到不悅時，首要之務就是道歉**。這麼一來就能建立「允許人犯錯」的文化，增進心理安全感。

④不逃避問題並且展開對話

此處的逃避是指**回避問題，不願去談它**。

即使對方找你談也視而不見，或是讓它成為團體之中的禁忌話題。

有時，**不願認真面對問題會阻礙人際關係的修復**，因而變成一個孤獨的人。

所以，**重要的是好好對話**。我想這雖然需要勇氣，但心理安全感並不是要你當個老好人。

為了彼此的幸福和成長，讓我們拿出勇氣對話吧！

以前，我工作的團隊裡有個人總是反對別人的意見：

「不行、不行，不能那樣做！」

或是不斷出言批評他人。我多次提醒，但他依然故我，於是有一次我明白告訴他：

「請你不要再來開會」

這麼一來，其他人便開始敢說出自己的意見。即使這是個很艱難的決定，但是至關重要。

因此，在集會之初便公布：

「在這裡我們要營造一個〇〇一般的場域」

「我很重視〇〇」

「請不要〇〇」

很重要的是，領導者清楚說明上述般的「場域規則」並讓所有人知道。

本書的序章裡也有提到：

「歡迎大家挑戰！」

一開始就要建立這一類的「共識」。

在諸如職場等的環境，雖然很難立刻達成。可是，比如在開會時，不妨在確定討論內容之後先說明「場域規則」：

「在這裡，我們尊重多樣性。讓我們傾聽任何意見」

「歡迎提出意見，我們重量不重質」

「請各位不要批評別人的意見」

如此制定出團體之中的重要事項，各個成員就會認為在那範圍內

「我也可以說出自己的意見」

「不會遭到批評」

使得心理安全感提升。

之後，大家就會自然而然地遵循規則一同打造出，一個合乎規則的「安心、安全的場域」。

Action Point

首要之務就是減少人際關係的四種毒素

如何處理負面情緒？

「一旦打造出一個大家都能暢所欲言的場域，感覺負面情緒會跑出來，好可怕。」

當我在講授心理安全感的課程時，經常聽到這樣的話。

我們身在群體之中，或是與人面對面時，不會只有正面情緒，偶爾也會出現負面情緒。

這時人會試圖扭轉那情況，為了要努力克服負面情緒而說出：

「可是〇〇不就是這樣？」

或是說出：

「可是很好玩啊」

「可是我盡力了」

「可是我做好啦」

用「可是」一詞切換對話，試圖讓情緒回到中性狀態。

然而在與人的關係性裡，這麼做並不會提高心理安全感。心理安全感的理想狀態是

「自己和他人可以有任何情緒＝保持原本的樣子就好」

而面對出現負面情緒的人，**不要去對抗他的情緒，只需承認它的存在：**

「喔，是覺得這樣」

「感到很難過是吧」

「原來，是嫉妒啊」

這是另一種名為**「同理」的技巧，有助於使關係從負3變成0**。一旦試圖抹滅那情緒，或與之對抗，就會覺得必須一直保持正面、符合某個理想才行，導致心理安全感下降。

事實上，我們之所以會想對抗負面情緒，是因為我們一直認為

「負面情緒是不好的」

正向心理學有時會被人與正面思考搞混，但兩者是不同的東西。**正向心理學很重視負面情緒，認為它是有意義的。**

負面情緒很重要，人可以有負面情緒，也可以把它表現出來，但沒有必要擴大和加深它。因為努力想要否定它的存在，希望別人能理解，反而更放大了它。所以只要有人能「原來是這樣覺得的」源源本本地接納自己的情緒，不愉快的情緒就會瞬間消失。

當小孩說「肚子餓」時，如果你回他：

「不是剛才才吃過飯？」

孩子反而會開始吵鬧：

「可是人家就肚子餓啊」

但如果你改成這樣說：

「我知道你肚子餓了」

「再過一會兒就吃飯了，等一下喔」

大部分的孩子就不會再喊餓。也就是要先看到他的情緒，行為則可以另外看待。

人生來就有**「希望別人理解」的需求，若不能獲得別人理解，就會一直固執於那樣的情緒之中。**接著，那情緒反而會變得愈來愈大。

大家似乎都對負面情緒有過敏反應。我是已經把它當成寶了（笑）。

不過，面對帶著負面情緒，做出比如批評別人、暴力性行為的人，則是另外一回事。這時很重要的是，**把情緒和行為切割開**

來，清楚告訴他：

「請不要這樣做」

你要怎麼感受情緒都可以。至於行為則要有所限制，有些可以接受，有些則不能接受。

為了維持具有心理安全感的關係性，讓我們把「情緒和行為」分開來看吧！

Action Point

對於負面情緒，你只需承認它存在就行了

進入新環境時，所有人都會感到不安

日本每年一到四月，新的年度開始，街上就會出現新進員工和剛入學新生的青澀身影。對於進入一個新的組織或學校，相信大家在感到非常開心的同時，內心一定也有很大的不安吧。

沒錯。這個時期正是容易覺得「沒有心理安全感」的時期。

不僅是新生和新進員工，後來才加入組織的人也一樣。

「這裡的人會接納我嗎？」

像這樣般，多得是心裡十分忐忑的人。

對組織或團隊的既有成員而言，也許很多人會覺得：

「起初要適應很辛苦，不過應該沒問題吧？」

可是不論任何人，**都需要時間來適應一個新的環境**。當中，也有些人不論經過多久都無法融入新環境，導致情緒變得不穩定，或是心情不好。

實際上我也接過這樣的諮詢案例：

「後來招聘進來的人一直不適應我們公司。在推動工作時總是堅持自己以往的做法，當我們指出這一點後他竟然還會發火。我已經不知道該怎麼辦……」

對加入新環境的人來說，由於過往學會的社會和組織規範未必適用，他是處於要全部重新學習的狀態，因此會覺得：

「這裡跟我不合，這工作不適合我」

所以有時只要跟新來的人說：

「不是只有你這樣喔」

他們就會感到安心。

有一個研究，讓一群大學新生在第一次上課時，觀看一段學長姐們錄製的影片。

「各位現在應該還不熟悉這個環境吧。我們剛入學時也是很難適應，一直覺得很不安。**可是不要緊，這是每個人一開始都會有的感受**。」

只是聽到這番話便讓他們安心不少，而能開始享受校園生活。不但如此，到了畢業時，這一群人的成績竟然比其他學生都還要好。

這一招叫做「不安的普遍化」。

以商業社會來說，即便是同一種行業、職業或是規模相近的組織，**內部成員共有的**

價值觀會因環境而有天壤之別，因此對後來才加入的人來說，就是需要花這麼多時間去學習。相信也會有覺得焦慮、生氣的時候。

雖然也要看後來加入的人或是新進員工，過去有多少適應新環境的經驗，但如果組織周圍的人能花時間準備好一個具高度心理安全感的環境，那他們的不安一定會消失，並逐漸適應。

每個人進入一個新的環境都會有蜜月期，會覺得很興奮。但由於一開始必須一口氣學會很多東西，也會感到很疲累，因此在過渡期中，**許多人便遭遇到文化衝擊的危機。**

這時一部分的人精神上會變得不穩定，一下生氣、一下焦慮，一下又很沮喪。程度嚴重的話，可能演變成退學或是離開那個組織。然而，只要能設法度過那一關，大部分的人都能適應。

而作為接受加入者的一方，**光是了解以下這點，應對方式就會不一樣。**

「新來的人必定會經歷這樣的波動，儘管有程度和大小之別」

藉由理解負面情緒，**並在進入新環境的初期傳達出這樣的訊息，**

「不是只有你會這樣喔」

就能提高心理安全感。

先從分享「好消息」開始

前面介紹了有助於讓我們的關係性從負3變成0的三招——避開四種毒素、同理、告訴對方「你並不孤單」——藉此將不安普遍化，各位覺得如何呢？

接下來要介紹**建立正3良好關係性的技巧**，像是研究幸福人生的正向心理學。

這麼說是因為，四種毒素是由研究離婚的學者提出的概念，他起初是認為，避開四種毒素即可擁有幸福美滿的婚姻生活。但光只是這樣的話，關係從負3到0便停止不動了。也就是說，他注意到夫妻雖然擺脫了離婚的危機，但是並未達到幸福的關係性。

於是，並非研究滿目瘡痍之惡劣關係性，而研究幸福之正3關係性的研究者，發現到一個耐人尋味的結果——

「關係良好與否取決於對好消息的反應方式」。

創造這種正3的良好關係性，將更容易確保好的心理安全感。

在此我要為各位介紹某位男性的一段經驗談。我們是在學習正向心理學時認識，他經營了一所發展遲緩兒的學校。

他為遲緩兒家長開設了一個社團，他們的日常生活中有諸多不易。據說，他有一天問來參加集會的家長們：

「現在有沒有覺得困擾的事？」

可是光是說要談談「困擾」，家長們的心情便始終陰沉沉的，那場集會就在什麼事都無法解決的狀態下結束……。

因此開始研究正向心理學的他，據說在下一次社團集會的一開始便問：

「最近有沒有覺得開心的事？」

「您家的小孩有沒有什麼讓您覺得很棒的事？」讓參加者**從好消息談起，即便是很小的事也無妨，大家一起分享那些喜悅**。

這麼一來，原本一直神情鬱悶、沉默不語的家長們開始有了開朗的反應，使成員間的關係性也改善了許多。

他說，持續這樣做之後，後來即使有人訴苦，大家也會熱烈地表達意見，生活中的問題也都能得到解決方法。

正如此案例，**在大家一起共同討論的場合，一開始先談「好的」話題就會產生正面情緒**，我們稱它為「**擴展及建構理論**（Broaden-and-build theory）」，它會帶來以下兩個好的結果：

- **同一個場域擁有正面情緒的人，會在團體內形成互相信任的關係，提高心理安全感**
- **正面情緒會讓人的視野開闊起來，使問題變得更容易解決**

我們往往誤以為，培養良好關係性的情境，是建立在自己訴說煩惱、對方也能感同身受的情況下。

但事實上，**一同為好消息感到高興才能建立良好的關係性**。這時所建立的情誼將在之後遭遇到困難時，對那個人有所幫助。

「大家一起分享好消息」要注意以下三點：

①要在流程的最初階段進行

比如在會議一開始，或是作為一日之始的晨會上分享好消息：

「昨天我遇到這麼一件好事！」

這時所有人就會有好心情，看事情的角度也會擴大。

就算萬一出了什麼問題，說不定也能順利解決。

②一同為別人的好消息感到開心並抱持興趣

所謂的「同感喜悅」可以是擊掌或是擁抱，如果是網路會議室，點擊舉手鍵也行。「抱持興趣」則是指對於有興趣的部分不斷提出問句。

「真的啊，再多說一些！」

「那時候你是怎樣的心情？」

一旦懷著興趣聽下去，有好消息的人和聽者的喜悅都會放大，使關係性變好。

這種技巧叫做「**主動—建構式的回應**（Active-constructive responding, ACR）」。由於對提升心理安全感非常有效，請各位一定要試試看。

③要讓所有成員都知道②的反應方式

不僅是「請分享你的好消息」，也要讓所有人都明白**「對於別人的好消息該有什麼反應」**

大家一起思考要如何「同感喜悅」，或是訂定出團體分享好消息的時間，大家一起發表也不錯。

在第6章，我會為各位詳細說明建立正3關係性的性格長處和感謝。

Action Point

養成在流程一開始就分享「好消息」的習慣

為了改善關係性，我們可以做什麼？

本章的最後，要分享一段我學生的經驗。

她在一家說出名字後，誰都會脫口而出「喔～，那家公司啊」的大企業上班。她所屬的部門是個體制古板的組織，幾乎所有工作都是由上而下決定的，員工有話想說也不敢說，使得同事們個個疲憊不堪。辦公室的氣氛也很糟，**是個心理安全感很低的環境**。

學過正向心理學的她，起初一直覺得自己的職場永遠不會改變，但後來轉念一想，開始思考有什麼方法可以活用所學。

「在由上而下的決策上雖然無能為力，但對於環境，我難道不能做點什麼嗎？」

「有沒有像是與夥伴合作，共同改善團隊關係這類的好方法呢？」

在這樣的日子裡，有一天她終於下決心，

「安排時間，讓團隊成員一起學習正向心理學！」

經過她與公司的交涉，後來以社團的形式，開始一週一次的學習會，利用約一個半小時的上班時間，學習關係性和長處相關的課程。

據說，起初來察看情況的上司，顯露出疑神疑鬼的表情問到：

「你們在搞些什麼？」

但後來看到團隊的關係性改善許多，場域氣氛也變好，開始會對她說：

「妳在做的事情很棒」

不但如此，幾個月後她竟然獲得機會參加專為高層舉辦的會報，之後得知收到的與會者意見調查好評如潮！從那時起，即便沒有人要求公司這麼做，公司也會舉辦管理階層的談話會，談論彼此的長處。

一個人獨力從基層展開的活動，竟然連公司高層都讚賞不已，認為是「應該繼續辦下去的好活動」——**她跨出舒適區到學習區的挑戰，為整個組織帶來巨大的心理安全感。**

「我們公司的規範很嚴，一切都由上面決定」

即使是在這樣體制老舊的企業仍然可以做些什麼事。

也不一定要像她那樣一開始就要促使一個團隊改變。每天有意識地問一句：

「週末過得如何？」

「昨天有什麼開心的事嗎？」

「哇！真厲害！再多告訴我一些！」

從這樣的小事做起就行了。

在團隊成員為某件事而努力時予以慶賀；若是小社群或家人，就是慶生、把孩子的畫作或大家的合照擺出來裝飾……。

讓我們一點一點慢慢地用實際行動表達吧——

「我很重視和你（們）的關係性」

本書接下來的章節會按照各個情境的需要，時而將關係性和心理安全感當作同義詞使用，好讓大家容易理解。

一說到心理安全感，有些人便只想著從負3到0改善關係性，但為了追求更好（0到正3）的關係性以獲得幸福，我接下來要談的另外五個要素非常重要。

讓我們藉由學習各種要素，多角度地增進心理安全感，以獲得我們應當致力追求的成長和幸福吧。那麼各位，出發囉！

Action Point

為了提升關係性，從自己現在能力所及之事做起！

【關係性】
確認單

在下列各項「關係性」項目，請在你目前做到的打勾☑，若有尚未達成的項目，就從能力所及的範圍內，盡量多加留意吧！

□平時總是以建立良好的關係性為優先嗎？
□在職場上，認為與同事培養較好的關係性很重要嗎？
□除了縱向的關係，也有建立橫向的連繫嗎？
□為了讓成員都能活出自我，自己也有努力保持原本的樣子嗎？
□不只是避免「批評」、「侮辱」、「自我辯護」與「逃避」，為了有助於實現這四點，是否與大家共有「場域規則」呢？
□會小心接納不安等的負面情緒，不會棄之不顧？
□是否有傳達出「所有人到了新環境都會不適應」呢？
□在開會或是朝會的一開始，會安排機會讓大家專注於「好消息」？
□不只是為對方的好消息開心，還會抱持興趣聆聽、提問呢？

第2章

自我效能

不知道
會不會順利，
總之就是做做看！

真正的「自我效能」指的是什麼？

平常你可能也曾無意中說出鼓舞自己或他人的話。

在面臨困難時——

「放心，我（你）可以的！」

「只要嘗試就能做到！」

這種話本身並沒有錯，但許多人似乎以為以下話語的自信就是自我效能。

「是我（你）的話，一定能實現目標」

然而，當人在試圖挑戰什麼時，如果只抱著「只要去做就能成功」的信念，久而久之便不會再去挑戰「有可能做不到的事」。

因為**當事人過去的成功經驗和「只要去做就能成功」的想法大有關聯**。幾乎沒有那經驗的人或年輕人，對於任何挑戰都會先感到不安，變得遲遲無法付諸行動。

況且，現在社會的價值觀飛快轉變，沒有人經歷過的事情一個接一個地發生，許多過去的經驗也都派不上用場。

因此，活在現代的我們要擁有的**不是「只要去做就能成功」的信念，而是行動力——即使沒有把握、心懷忐忑，仍會想要「嘗試看看」**。

換句話說，我們可以一直保持不安。最好能認為「懷著那樣的不安也沒關係」。這跟我們應該在不安消失之後，再去挑戰的思維正好相反。

序章的**圖表3**（二十七頁）上也有，**人即使感到不安仍然有能力，跨出舒適區到學習區，這就是「自我效能」**。

正如我在序章所說的，**「自己最在乎的事情最可怕」**，因此，如果只做自己有把握的事，幸福、成長將離我們愈來愈遠。

大約二十五年前，中學畢業的我通過大檢（現在的日本高中畢業認定，相當於台灣的高中同等學力認證），在內心滿是忐忑之下赴美留學。還記得當我離開時，身邊幾乎所有人都攔阻我，說我「太莽撞」了。由於我完全不會英語，登機的那一剎那哭了起來，想著：

「從明天起就沒有人能理解我了」

我不認識半個人，又幾乎不會講英語，甚至不知道自己未來會如何，就這樣憑著一股想法向前看，

「不知道會不會成功但就試試看吧」

偶爾期盼著自己有所進步並享受這個過程，持續學習。那段日子的經驗已經化為我的血和肉，成為現在的我很重要的一部分。

當時的我就是拚命地向前走，並不知道是什麼在驅使著我。**而所謂的自我效能，就是像這樣儘管害怕結果卻仍勇於挑戰的能力。自信是之後隨之而來的東西。**

Action Point

培養即使不安、沒把握，仍然願意「嘗試的能力」

自我效能高的人是怎樣的人？

如同心理學或關係性，自我效能也包含幾個階段。

最低的是凡事都害怕不敢挑戰的階段；再來是「試試看，也許會成功？」感覺到希望或可能性的階段；再往上一階是認為「一定能做到」，充滿自信的階段；最後是**最高的「不確定能不能成功，但做看看吧！」的階段**。

在本書中，我們要來思考如何提升至最高的階段。這類自我效能高的人具有以下的特徵：

- **懷抱「信念」——自己的行動將對周遭帶來一些影響並且具有意義**
- **懷抱「希望」——即使是困難的課題，只要努力就能慢慢接近目標**

他們並非碰巧具備這兩項特徵，而應該說是「選擇這樣相信」

他們即使為結果擔心或擔憂，

「我可能做不到」

「不論我怎麼努力可能都無法成為自己想成為的人……」

仍然選擇如此懷抱信念和希望，採取行動，所以才能對自己生活的世界造成實際影響，一點一點地往前推進。就結果來看，他們得到了自信。

心理安全感是為了讓人有勇氣去挑戰。當處於高心理安全感的狀態，人們便易於接受「有點風險也無妨」，因而使自我效能提升，不難想像會覺得「即使不安也要試試看！」對吧。

反之，**提升自我效能，心理安全感也會提高**，這又是怎麼回事呢？

舉例來說，我在大學負責諮商輔導時，曾有學生來找我討論。說她不服老師對測驗的評分方式，但因為老師是外國人，她覺得可怕而不敢去向老師反映。

接到這個案子後，我支持這位同學，並召開「如何開口跟老師說」的作戰會議。透過角色扮演的方式來練習等等，提升她的自我效能。

後來她鼓起勇氣去跟老師反映，下一次與我晤談時，面帶微笑地向我報告：「老師有聽我說，他確實明白我的意思了！」

這個狀態可以說是這位同學略微提升心理安全感了，對象是造成她煩惱的老師，廣義上的對象更包含所就讀的大學或是這個世界。因為她採取了行動，才會讓舒適區擴大到學習區。

在我服務的大學裡，大學一年級新生多半和留學生住在同一棟宿舍。他們同樣有和室友無法互相理解的困擾。

可是，當他們練習進行「積極溝通（Assertive communication）」——**使用尊重他人和自己的對話方法，便開始能夠表達自己的感受，對宿舍生活的心理安全感**

也增加了。

自我效能是預測行為的最佳指標，如果它很高，人就會想多加挑戰。連以前一直擔心「失敗的話要怎麼辦？」的事，也**試圖去挑戰的人，會發現這個社會比自己所想的要來得友善**。於是心理安全感就會愈來愈高。

此外，一旦自我效能提高，對未發生的事也不太會過度焦慮，不會去想「要是事情變成那樣怎麼辦？」自然有助於心理安全感的提升。

Action Point

若能提高自我效能，心理安全感也會提升

自我效能的基礎也在於關係性

「不確定能不能成功，但就試試看吧！」

你在什麼情況會這麼認為呢？

一定是——

- 有人支持自己，就算只有一個人
- 相信努力可使能力增長
- 不認為失敗是壞事
- 重視過程甚於結果
- 喜歡或在乎那件事時

諸如此類。其中，第一項的**「有人支持自己，就算只有一個人」的影響甚大。儘管**

進行得不順利但未受責難；即使失敗仍然有人不離不棄，哪怕只有一人。人在這樣的情況會願意「做看看」，不是嗎？

比如我的手足們，雖然在艱難的環境中長大，但他們依然會去挑戰自己想做的事。其中很重要的原因應該是我的母親，她總是向我們展示她無私的愛。

我在紐約留學期間經常收到母親的來信，每次都以「給我可愛的小亞里」開頭，以「愛妳喔！」作結。我們這些兒女**因為有個隨時能回去的地方，才能積極投入新的事物**。

而這樣的母親也曾反對我留學。儘管如此，但當時在就讀的函授制高中教導我的國文老師，以及母親友人的一對夫妻願意相信我，這給了我極大的鼓勵。

可以說，因為有第1章談到的**「良好關係性」當作基礎，自我效能才會高**。這也是為什麼猴子寶寶和最愛的布媽媽一起待在籠裡時，才敢試著去靠近可怕熊布偶的原因吧。

我們也會想當那個在別人背後推一把的人。

反之亦然，懷抱這樣的信念和希望、願意「做看看」的人，會讓人想為他加油，同時興起想一起做些什麼的念頭。所以能建立起良好的關係性。

在我的沙龍裡也一樣，**自我效能高、一直向前進的人，四周也會聚集愈來愈多的人。它會擴散到整個團隊，成為一同前進、推動事情的力量。**

下一小節讓我們來一起看看，關係性以外還有哪些提高自我效能的方法。

Action Point

若有良好的關係性，即使感覺有失敗的風險仍會去挑戰

相信「能力可以透過努力增強」並傳遞這樣的觀念

「不知道能不能做到，但就試試看吧！」

培育這種想法的方法之一是相信——

「能力可以透過努力增強」。

教育心理學者卡蘿・德威克（Carol S. Dweck）博士發現，在運動和藝術等各種領域功成名就的人有一項共通之處。那就是相信「能力可以透過努力增強」。

如果相信能力並非天生注定，可以透過努力來增強，那你就能這樣想：

「我現在雖然做不到，但會持續嘗試！」

那是**因為你認為努力是通往成長的道路**。

實際上，如此相信的小孩在完成簡單的拼圖後，通常會選擇挑戰難度更高的拼圖；但另一方面，認為「能力是天生注定」的小孩，則不會去挑戰那些似乎拼不出來的拼圖，而會選擇難度等同於最初完成品的拼圖。

我稱這種**「能力可以透過努力增強」的想法為「柔軟的成長心態」，而稱「能力是天生注定」這種想法為「僵硬的定型心態」**。

從腦科學的研究也已經得知，人在鑽研自己感興趣的事物時，掌管資訊處理和傳播能力的腦神經細胞（神經元），直到死亡之前都還會一直成長。所謂「能力可以透過努力增強」是經過科學認證的事實。

其實我也是直到最近都認為自己「對錢財的事一竅不通」、「不會做生意」。但即便是我，隨著組織擴大，參與人數逐漸增多的情況下，感覺應該——「自己也得好好學習，否則無法對合作伙伴的幸福有所貢獻」因而下定決心學習商業方面的知識。於是我閱讀書籍或是跟人學習，慢慢地開始能夠一點一滴地理解了。

你是不是也會擅自斷定自己呢？

「我為人父母（上司、老師）很失敗」

「駕駛能力是天生的」

「現在的工作原本就不適合我」

假使真是如此，**首先要選擇相信**

「努力就能學會，即使很慢」

並且在團隊、職場或是家裡，向自己所珍視的人們傳達這樣的觀念。

以前，兒子週末在練習日語學校漢字音讀的功課時，曾為了無法順利發出正確的音而生氣，不願再去練習。那時我告訴他：

「不要緊，慢慢練習就能學會」

他馬上又開始努力練習。

我的學生也是，有些人似乎到了自己要在課堂上教人的階段，就會因為教得不如自己預期而意志消沉。這種時候我會告訴他們：「沒關係，愈常練習就會愈順」

我自己也有很多不擅長的事，例如：在人前說話、英語會話等等。但我之所以有今天，就是因為我相信「愈做會愈好」。

沒有錯，**分享這一類的經驗談也會有所幫助。**

畢竟，哪怕是平野步夢選手般的高手，一開始都只是個初學者。（平野步夢為日本男子單板滑雪運動員。於二〇一四年的冬季奧運以十五歲又七十四天的年紀奪得銀牌。）

Action Point

「只要練習就會進步，即使速度很慢」，如此相信並傳遞給其他人

失敗與成功是同一個方向！

在提高自我效能、進一步增進心理安全感時，很重要的是**不把失敗視為壞事**。

這同時也是培養「柔軟的成長心態」之祕訣。**我們往往在無意之中，把失敗和成功看作是兩條不同的路，但正如次頁的圖表7所示，兩者其實都在同一個方向。**

如果能這麼想，如同本書開頭所寫的我們「歡迎大家挑戰！」一般，也可告訴別人同樣也——

「歡迎大家失敗！」

失敗時可以想成「正在往成功靠近」，並跟別人也如此分享。**失敗確實是塊珍寶。**

那麼，當自己和身邊的人因失敗而沮喪時，你可以做些什麼呢？

圖表7　成功與失敗都在同一個方向

雖常想成這樣……

但其實是這樣！

如果不把失敗當成是件壞事，自然沒有必要指責別人或是罵人。但可以做以下三件事取而代之：

①關注當事人此刻的心情，而非搞砸的事

②關注行動和過程而非能力

③將焦點放在「理想的未來」以及「實現的方法」

換句話說，首先要像①這樣，如果是自己失敗，那就坦白地接受傷痛；如果是別人失敗，就傾聽並同理他的心情。第1章在談關係性時也有提到，負面情緒一旦被人否定就會漲大、被人承認的話就會縮小。

接著是②，**要把焦點放在行動和過程並**

去思考。人遇到失敗，往往會不經意地歸咎於能力或人格：

「我真是笨」

「是他太輕忽！」

可是這樣做的話，會讓人感到無能為力，因為人格和能力並非一時半刻能改變的。

所以這樣想的時候——

「是練習得不夠嗎？」

更要**聚焦在行動上**——

「只要練習，慢慢就能學會」

使用這樣的思維來理解事情。

不過，**要避免提及能力**，比如：

「可是放心吧，因為你能力其實很強的」

避開這類會給人壓力的說法。尤其是當事人的自我價值感很低時，這樣說恐怕毫無用處。

要用話語鼓勵人並不容易，我將依序介紹方法。

而談到③的「理想的未來」和「實現的方法」，當我們面臨失敗時，**常常會專注在過去的原因，責怪自己或他人：**

「為什麼要這麼做？」

「竟然考五十三分，怎麼考這麼差！」

但那樣做是錯的。怎麼說呢？因為會導致「即使失敗也要試試看」的自我效能降低。

最要緊的，是試著描繪自己想要的未來：

「怎樣才是理想狀態？我希望自己變成什麼樣子？」

並思考實現的方法：

「為了達到這目的，我可以做什麼？」

不忘帶著體貼和好奇心，如此向自己和他人提出這類的問題吧！

總結就是**要放眼今後，而不看已經過去的事**。讓我們採取面向未來的思維，思考自己「想要前往的目的地、可以怎麼做？」而不是從過去檢討失敗「是誰、為何會犯錯」。

在自己因為某件事而感到受傷時，這方法也很有效。為了前進到下一步，也讓我們試著如此自問吧！

小的成功經驗能成就大目標

如果挑戰三十次都失敗，人類可能就會失去幹勁，這叫做「習得性無助」。雖說失敗也很可貴，但**偶爾設法累積成功經驗也很重要**。

不過要注意，這並不是要「縮小目標」的意思。

如果最終目標很龐大，就要將到達目標前的距離分割成小小的步伐，將一個一個的小目標堆疊起來，以實現那個龐大目標。這麼做，既可確保心理安全感，同時又能培養「試著做看看！」的心。

舉例來說，上次考試考了六十分，下次考試假設有人設定目標為一百分，而另一個人設定的目標是七十分。這時，如果實際考出來的分數是八十分，那麼前者便多了一次「失敗經驗」；後者則是多了一次「成功經驗」。意思就是，就算最終目標是一百分，先降低下一次的目標比較好，才能累積成功經驗。

練習開車也是同樣的道理。如果第一天就冷不防跟你說：「來，你開開看」，你肯定會突然感到慌亂無助。但依然可以先有一個大的目標——「學會開車」，然後第一步啟動車子↓接著直行駕駛↓再下來往左轉……**一步一步按部就班，慢慢達成「學會開車」這個最終的大目標。**

我寫這本書時，也曾一想到要完成的事就接連多天遲遲無法動筆。於是我決定「今天寫第1章就好」，像這樣累積了一項一項作業才完成。即使如此仍然多次差點半途而廢，不過既然現在各位正在閱讀本書，就表示我已達成目標了。

人往往會忍不住設立一個很大的目標，或許是為了激勵自己，或是讓自己在乎的人開心。因此，幫助部下、孩子、學生或是講座的學員**設定小的目標，有時也是你的職責。**如果一個拒學的孩子說要每天去上學，你不妨跟他說：「你休息了這麼久，突然要上學可能會很累，不如中午以後再去，怎麼樣？」幫他把目標稍微縮小一點，而不是說：「很棒！加油！」

不過，因為失敗也很可貴，所以並不是「不能讓人經歷失敗」。**我們要盡量多加累積成功經驗，不要只是一再地重複失敗。**

在此介紹**「容易累積成功經驗的目標設定法」之四個重點**。

①由小的開始，會比大的好
②具體行動比抽象語言重要
③以肯定句描述，而非否定
④設定績效責任（Accountability）

如同在前述所說的，①就是準備一個「高度跳得過的欄架」，大目標記得要稍微調整喔。②所提到的「抽象語言」就像是「成為可靠的人」、「正正當當」等的描述，由於不清楚具體達成的程度，因此難以累積成功經驗。

所以**要思考所謂「可靠的人」是怎樣的人，要設定如「一天一次，在課堂上舉**

手發言」般的具體目標。

至於③，事實上一般認為，**透過直覺來掌握事物的右腦並不能理解否定句**，很有意思吧。比方說，即使要你「不要想像梅子乾」，你也難以做到，對吧？人一旦被告知「不要〇〇」，反而會更往那靠近。

另外，**否定句還有難以認定達成與否、不知道解決與否的問題**。與其設定「不對小孩感到煩躁」的目標，不如設定為「同理小孩的話，並回饋他的感受」，會更容易達成。

④的**「績效責任」意指會有個人會幫忙注意自己的目標達成度**。據說有人注意的話，目標達成的機率會是原來的三・五倍。很驚人吧！

讓我們將回答問題的形式設計成如下一般：

「你要做什麼？」

「要做到什麼時候？」

「何時向我報告？」

公開說出自己的目標，或設定聽取學生、部下報告的日期。

這時**需注意的是不要造成壓力**，強制的話會產生罪惡感。設定為「可以的話，就做看看」，這樣就行了。

Action Point

準備自己現在能跳得過的小欄架

「為什麼會順利？」是成功的祕訣

我們人類為了生存，總是會去看壞的一面。

所以在與上司面談時，就算上司說了九個優點，但只要被指出一個缺點，就會一直記心上；如果是為人父母，即使孩子的成績幾乎全是A，但只要有一個C，可能就會為此占去所有心思。

而且會責怪自己：

「為什麼沒做好？」

還會責怪他人：

「為什麼做不好？」

可是這樣既不會帶來好的結果，還會威脅到心理安全感。

遇到這種情況時應該要怎麼做，可以參考前文所述，在此要談的是，**不要忽視小的成功經驗，或是一直擱置一旁**。

我們很容易忽略「好的」和「已存在的」事物，而**小的成功經驗其實是座寶山**。這時我們能做的有以下三件事。

①祝賀，同感喜悅

②感謝

③問為什麼會成功（追究成功的責任）

①的祝賀即第1章所提到的ACR（主動—建構式的回應）。再小的事也沒關係，讓我們來慶祝、慰勞自己，或是與他人同喜同樂。這會使我們和他人的關係大幅改善。一些小舉動，如擊掌、擁抱、道喜的笑容，都是祝賀。

②的感謝也非常重要。這會讓對方想要「再去嘗試」，同時使彼此的關係變好。這裡的**重點是要更具體地傳達感謝之意**。

常常聽到「追究失敗的責任」，但應該很少聽到人家說③**「追究成功的責任」**

吧？說是**「追究成功的原因」**或許會比較容易理解。這邊的重要關鍵是，**唯有成功時才去問「為什麼」，失敗時就別問了。**即使是再微不足道的成功經驗也要思考、追究其原因，

「為什麼會成功？」

「你做了什麼事？」

成功的經驗之中，藏有通往下一次成功的線索。

比方說，我以前遇過一個人，他在公司換了部門後，常常為了工作做不完而無法回家，因此倍感困擾。於是我問他：

「看來你一直很困擾，最近有哪一天把工作做完嗎？」

他回想道：

「啊，妳這樣一問我想起來，上週五有做完」

接著我問他原因，他沉思了一會兒後說：

「啊，那天我實在不知道該怎麼辦，就去請教前一任的人，他教我一個好方法」

因為這個發現，下次他覺得困擾時就會做同樣的事了。也就是說，**他所擁有的工具增加了。**

我在講座的最後一定會出個小題目給學員，或是讓學員們選定一件自己要做的事。下一次上課時再問大家：「結果如何？請跟大家分享」讓講座的大家都能共享成果。如果各個課題都順利完成，就問他們原因。這兩者缺一不可。如此一來就建立起一個「機制」，讓人可以在感到心理安全感的情況之下成長。

Action Point

成功時更要毫不遲疑地問「為什麼？」

透過話語來增強自我效能

這一小節要介紹說話練習，對提高成員的自我效能，使團隊的心理安全感更加穩固很有幫助。

這時最先要掌握的重點是「聚焦在過程上」。

就是**當別人已有行動時，我們在鼓勵他時要著重在那個過程＝努力或行動，而非他的能力和結果**。這也是復習目前為止所談的內容。

別人取得成果後，當我們想要誇獎他時，通常會說：

「不愧是聰明人！工作能力很強」

「真優秀，腦袋聰明」

之類稱讚的話語，對吧？

可是，如果要提高對方的自我效能就要小心了。**因為當能力獲得別人稱讚，人常常會覺得那是對自己的評價**，大部分會以為

「一定要保持那麼優秀才行」

「必須有好的工作表現」

「如果失敗我就沒有價值了」

其導致的結果，可能就會受壓力和不安所苦。

此外，有些人自認為

「我很聰明才會成功」

遇到自己做不到的事，想法就會愈發極端地覺得

「我怎麼那麼笨」

或是**開始回避自己似乎做不到的事情**。

自我效能會因為每天一句不經意的鼓勵而瞬間增強。讓我們回頭審視自己平時

所說的話，同時實踐以下這八點。

①聚焦於行動而非能力

對努力過、已盡力的部分表達感受

肯定對方獲得成果之前的行動，比如：

「你一直沒放棄，辛苦了」

「你始終堅持的身影，我都看在眼裡」

用來取代以下這類，會被認為是評價對方能力的話語——

「好聰明」、「你是天才」

一旦覺得行動比結果重要，就不怕被人評價，而能帶著心理安全感去挑戰新的、困難的事物。一項針對美國紐約五百名小學五年級生的研究也顯示出，小孩會因為這樣一句話而選擇難度更高的拼圖，促使成績進步。

②聚焦於過程而非結果

對專心一意、花費的時間等表達感受

不稱讚「結果」，比如「考了一百分，好厲害」、「你的報告寫得非常好」；

而是讚賞達成結果的過程——

「你非常專注，很努力」

「這是你花那麼多時間做出來的成果」

一旦看重過程而非結果，就會認為「失敗也不會被批評」，而能放心去挑戰。

❸聚焦於勇氣而非正不正確 對嘗試過、挑戰過的部分表達感受

舉個例子，這是我兒子打棒球揮出全壘打時的事。由於在那之前，我看過他因為害怕而無法將球棒揮到底的樣子，所以我**讚賞那份勇氣：**

「你大膽地把棒子揮出去了」

另外，以前兒子曾和朋友在遊樂園排隊要玩很可怕的遊樂設施，排著排著就說：「我還是不要玩了」。那次我也是讚賞他的勇氣：

「要推翻原本決定好的事，**需要勇氣耶**」

「坦承自己害怕，**需要勇氣呢**」

對心理安全感來說，勇氣是關鍵。相信這樣的話語，將會使人更能抵抗同儕壓力。

❹描述而不做評斷「～呢！」、「～我很喜歡」+感謝的話語

比方說，看到團隊成員或小孩畫的圖，不是像這樣去評斷好壞優劣「你畫得很好耶」、「你很會畫畫呢」，而是改用這一類的描述：

「這張圖的粉紅色**好漂亮呢！我很喜歡**」

「畫裡孩子的表情**很棒呢！我好喜歡**」

說出自己覺得好的部分。

在職場面對部下也是，**說出對他工作內容的感想後要加上一句感謝**：

「我覺得這一點非常好，謝謝你」

而不是只說「工作進展順利喔，做得很好」。

❺聚焦於成長而非比較 對進步、成長的部分表達感受

基本原則是不跟其他人做比較。

「明明○○○就可以做到」自不在話下，**「你做得比○○○好耶」**也是比較。

一旦比較，就會啟動「僵硬的定型心態」，使不安感上升。相反的，如果是**跟當事人的過去而不是跟他人作比較，並稱讚他：**

「你的文章比以前進步很多」

「英語會話進步很多耶。很拚喔！」

就會助長「柔軟的成長心態」。使用具體的描述會更好。

⑥聚焦於感受而非事情

問說「你當時是怎樣的心情？」

問對方當時的心情，而不是他做了什麼事。

帶**有好奇心的提問，會強化你和對方的關係**——

「你擊出全壘打時**心裡在想什麼？**」

「你完成這課題，**心情如何？**」

而且失敗時，這樣的提問對思考下一步也很有幫助。

⑦聚焦於成功而非失敗

問說「什麼時候是順利的、為什麼？」

像是說出：「你怎麼會搞砸的？」、「你為什麼考五十分？」等等是不好的，**不要追究失敗的原因，但像以下這樣的問法會很有幫助：**

「那次演講，你什麼時候感覺到講得很好？」

「當你覺得做得很好時，你做了什麼事？」

❽聚焦於長處而非短處

問說「如果發揮你的長處，結果會如何？」

不提對方的短處「你沉不住氣」，而是指出長處，會更有效——

「你很有好奇心」

「發揮你擅長的創造力，事情應該就會順利吧？」

關於長處，我會在第6章詳細解說。

Action Point

盡量多說一些著重於過程的回饋

【自我效能】確認單

在下列各項「自我效能」項目，請在你目前做到的打勾☑，若有尚未達成的項目，就從小的事情開始，試著做看看吧！

□不會用「不安」當作不去挑戰的理由，認為即使不安也沒關係，還是會想挑戰看看？
□當鼓起勇氣嘗試之後，確實感覺到自認安全的環境多了一點？
□擁有即使失敗也能倚靠的良好關係性？
□會告訴自己或身邊的人，即使是目前無法做到的困難課題，只要嘗試就會一點一點地慢慢接近目標？
□認為失敗和成功都是在同一個方向？
□當自己或他人失敗時，不會追究過去的原因，而是放眼未來出言鼓勵？
□會在達成一個大目標的過程中，設置數個能力所及的小目標？
□會用肯定句設定小而具體的目標？
□在成功時會思考「為什麼成功」？
□在鼓勵自己或身邊的人時會「聚焦於過程」？

第3章 自律性

自己的行動自己決定，並尊重他人的主體性

「自律性」和自主性似是而非!?

「所謂自律性，就是別人請你做一件事，你答應了就會獨當一面地確實完成？」

「就是不必別人開口，也會去做自己該做的事，對吧？」

很多人都這麼認為。

雖然在詞語的意義上感覺很接近自律性，但如果以人的行動來看，其實那是「自主性」。**所謂的「自律性」是指遵守自己的規範，去決定自己要做什麼並自動自發地去做。**

也就是說，包括「要不要做」、「怎麼做」都是由自己作主。意思比較近似於主體性吧。

此外，**自律性和關係性一樣，都是人與生俱有的基本需求之一**。所以不必刻意灌輸，只要從既有的發展就行了。

比方說，年幼的孩童會「啊——」地張開嘴巴要人餵食給他、要大人抱著帶他去許多地方。

而隨著長大，自然會想要自己吃、想要到處走動。這一點大人也一樣，**其實就算別人沒有開口要求，還是會想自律地行動**。

換句話說，**「高度自律的人」指的是會依據整體來判斷，自己決定什麼事會對周遭和自己的幸福或成長有所助益，並實際去做的人**。在現今的時代，無法預料的事接二連三發生，因此自律性更是不可或缺的能力。

一個有自主性，但缺乏自律性＝主體性的人，就經營者的角度來說，工作時也會覺得很難共事。因為請這類的人做事，什麼事都要別人幫忙做決定：「這個這樣做好嗎？」所以不但不會成為工作上的助力，反而會拖後腿。

相反的，一個具有主體性＝**高度自律性的人，不用對方給出指示，就會自己決定目標、思考要如何達成，然後實際去做或提出方案。**

人在行動時的意識程度也有等級之分。

最低一級是無精打采、漠不關心；其次是自己該做的事，要別人提醒才會去做的被動階段；再來是不必別人提醒也會去做的自主性階段；**最高的等級，是會自己思考、行動的自律性階段。**

若能培養出自律性，便會感覺「受到尊重」，心理安全感也會跟著提高。而在一個高心理安全感的環境，即使自己獨立思考跟行動，也不會遭到旁人指責，自律性就會增強。兩者之間存在著相互關係。

在這一章中，讓我們仔細來看看，要如何才能培養出有助於提升心理安全感的自律性。

這在亞洲文化圈是很少有機會學習的主題。

Action Point

所謂自律性，
就是自己決定自己的行動並加以實踐

被強迫去做的事，就算是好的也不會感到幸福

正向心理學研究使人感到幸福的行為習慣，大約已發現二十個「只要這麼做就會感到快樂」的行為習慣。

感謝、正念（Mindfulness）、利用所長、好心等也包含在內。然而，儘管知道好心是施比受更有福，但正如次頁的**圖表8**所示，比方說下達「日行五善」的指令，**一旦被強迫去做，幸福感反而會降低**，倒還不如什麼都不做比較好。

為人父母、上司、老師或身居高位的人，當在面對孩子、部下或學生等對象，有時可能會覺得「這麼做一定比較好」。

可是，**強迫別人去做並不會讓他們感到幸福**。

圖表8　就算是好事，被迫的話幸福感還是會降低

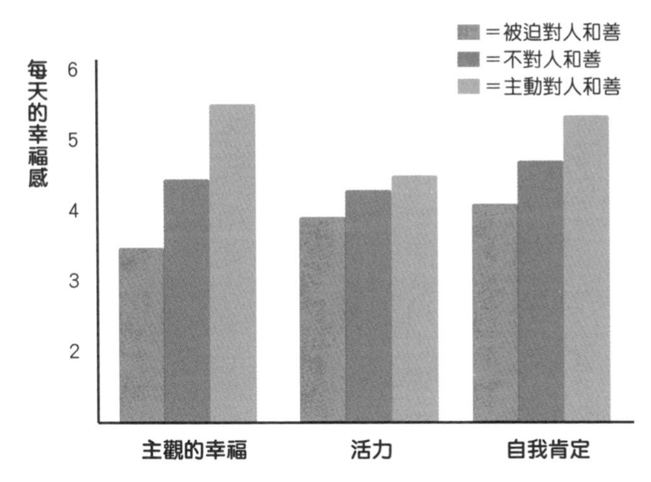

資料來源：When helping helps. Weinstein & Ryan（2010）

那麼，當遇到「想讓別人做他不想做的事」時，該如何才好呢？

比方說，公司舉辦員工培訓之類的活動，肯定會有態度不積極的員工吧。對此，應該也有人這麼認為吧：「如果只做自己想做的事，組織或是公司會無法運作」。

一般認為，遇到這種情況，以下三種做法會有所幫助。

①同理當事人不想做的心情

②說明那件事為什麼重要

③盡量不給人壓力地提出要求，或是提供其他選擇

①就是先**同理**對方的心情，

「工作忙的時候，真的會不想出席呢！」

「自己沒興趣的活動，就是會不想參加呢！」

然後，這時②就非常重要了，要**好好說明**

「這件事為什麼這麼重要」。

透過說明對組織或公司的重要性，讓當事人知道對自己可能有哪些好處。

比方說，假設是有關心理安全感的研習。

這時不妨一開始就拿給數據對方看——高心理安全感的組織，生產力和幸福感都很高。最好接著可以向他說明，學會的話會讓工作更有效率，所以會有更多自己的時間等等。

「任何人都能建立心理安全感，要是與同事建立良好的關係會讓工作更愉快，還有改善與家人、伴侶之間的關係、孩子更有幹勁等等的效果喔。」

聽到這樣的說明，相信很多人都會心想：「那就去聽聽看吧」。

對於理論型的人，只要拿出數據、證據等就會有說服力。以科學方式研究如何過得幸福的正向心理學，這時就能大顯身手了。

而③則是先對本人說明，這會對當事人、當事人所屬的組織或社會有什麼好的影響，解釋完後讓對方自己做選擇。此外，無論如何都要別人聽從指令時，**要多費心思以尊重他人意願的形式進行，**如傳達時盡可能不讓他感受到壓力。

Action Point

別人不想做時，要同理、說明，並注意「盡可能不造成壓力」

控制是會讓與人的關係性毀於一旦的陷阱

前陣子有位上班族這樣跟我說：

「由於新冠疫情，現在我平日都在家遠距上班，但是每天早上九點一定要在公司規定的網站上簽到，必須要證明自己一整天的工作時間才行。明明要做的事都是固定的，我**還需要被公司管成這樣嗎？感覺自己不被信任。總覺得失去工作的幹勁了。**」

我很能體會他失去幹勁的心情。

在這類管理嚴格的組織裡，時不時會聽到上司這樣描述部下……

「不給他指示就不會做事」

「除非加薪或提高獎金，他們才會拚命做」

「不給些獎勵讓他們競爭，他們才不會有所行動」

「非得說得嚴厲一點，他們才會拿出幹勁」

請你同樣也試著檢視自己，是否有想到類似的情況呢？

不過，當你如此認為並對人加諸控制時，心理安全感就會降低。部下也會害怕得不到回報或是受罰，而無法掉以輕心。

因此，**為了培養成員的自律性，要重視個人的裁量權，對於各個成員的分內事盡可能不插嘴干預、不予以控制。**

最新的調查研究得到這樣的結果：

- 女性對能在自己喜歡的時間和地點工作感到滿足
- 男性對能用自己喜歡的方式做事感到滿足

我公司的團隊還有人住在海外，但他有專責的業務，可以按照自己的步調在喜歡的時間工作，沒有人會去管他。

如果要做的工作已確定，那做法就是每個人的自由。

讓人擁有裁量權會提升個人的自律性——

「只要掌握目的和重點，其餘如要採用什麼方式、什麼時候進行都沒關係」

話雖如此，但自律性並不是一句

「自己的事自己負責」

然後撒手不管，它就會自然養成的東西。

這時不可忘記的是，自律性始於與人的關係性。

如果關係性能建立與周遭人們的信賴度，就能按照自己的意思行動。請回想在

第1章關係性有介紹過的，猴子寶寶和熊布偶的故事。

此外，關係性、自我效能及自己決定的需求都能得到滿足的話，自然而然能養成自律性。

只要獲得周遭人們的信任，心想
「那就做做看吧」
而不是被人強迫的話，自律性自然會愈來愈高。

反過來說，團隊之中的上位者，若能以培養個人自律性的方式對待成員，成員們就會覺得
「我受到這個人的信任」
因而建立良好的關係性。

自律性不論在組織、社群之中，還是在任何的關係性之中，都有著規定或規範

愈嚴格的話便愈低的傾向。

在控制部下的同時，卻又感嘆對方

「那傢伙真沒幹勁！」

這樣的主管、老師或是父母時有所見，不過這樣說很矛盾吧？在課堂之中也是一樣的道理。

在我的講座中，我會提議「**自發性挑戰**」，告訴學員

「不想做的事可以不做」

「想做的事要去嘗試」

而且**我會盡可能不使用「一定」之類的字眼**。

Action Point

建立不會使成員行動受限的關係性

要當心妨礙自律性的賞與罰！

當我們要求某人做一件事，並對失敗設下「罰則」時，那就是在控制他。

舉個例子，假使A對B說：

「如果不做那件事，我就罰你」

那麼A就是在控制B的行動。

在這種情況下**即使立刻取得成效，但因B是出於害怕而行動，所以兩人的關係是處在一種完全沒有心理安全感的狀態**。再說，**人有自律性的需求，有討厭想控制自己之人的傾向**。因此無法發展出最重要的關係性。

一旦兩人不存在關係性，A對B的影響力就會消失，懲罰也會失去效力。其結果就是，A加重對B的懲罰，但未得到效果，最後導致兩人的關係性千瘡百孔……

這種進展傾向我已見證過無數多次了。

話雖如此，由於懲罰讓人感覺能快速見效（儘管長遠來看是完全無效的），要使用它控制他人時難以不去用它——雖然所有人都知道它「不是個好東西」。**其實真正難以戒掉的是獎賞**。因為獎賞普遍被認為是好東西。在十八世紀中葉的工業革命時，由於工廠需要準時前來執行單調作業的勞工，使得獎賞被社會廣泛採納。即便到了現在，仍然存在稱讚他人作為獎賞的風氣。

舉個例子，這是我的小孩在美國上學時的事。那時他們教室的牆上會貼著「乖寶寶貼紙」（其數量會激發人的競爭意識），或是表現良好的小孩每天會得到一個小禮物。我對這些做法有很大的疑問。

獎賞的問題在於，行為的目的變成是「為了得到獎賞」，而迷失了真正的目的。把焦點放在結果，而不去重視過程，這樣就不能算是依照自己的意思或價值觀去行動。

圖表9　幼稚園學童在自由活動時間畫畫的時間占比

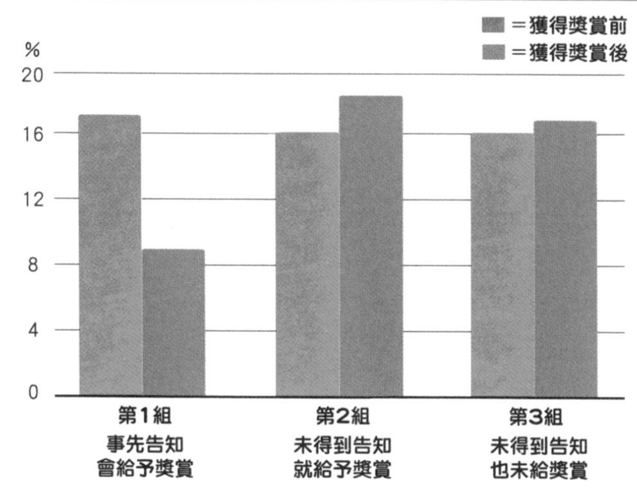

資料來源：Undermining children's intrinsic interest with extrinsic reward.
Lepper, Greene, & Nisbett(1973)

如同上面的**圖表9**所示，認為能獲得獎賞就去做，沒有的話就不做，這樣可不算是自律，對吧？

不過，**獎賞和慶賀是兩回事。**

不像報酬這樣附帶條件「你如果○○，我就給你○○」，而是**純粹為目標達成感到高興而慶賀，這會是「為別人的好消息感到高興」的ACR**，這樣的行為我們要多多益善！

請牢記，**不僅懲罰而已，獎賞也會讓人喪失自律性。並且要意識到，它並不會帶來心理安全感。**

如果是單調的工作，獲得大量獎賞會提高人們的作業效率。

然而未來時代的工作所需要的則並非如此，它需要的是「具創造力的複合技能」。**以往的「賞與罰」方式會控制個人的行動，難以出現自由且創新的想法**。

Action Point

為免迷失真正的目的，要盡量減少賞與罰

一開始就要公告很重要的「自由裁量範圍」

各位恐怕都會這樣想吧？

「不多加控制，那要如何培養成員『自發進取』的態度？怎麼做才好呢？」

雖然說不要控制，但要是領導者完全兩手一攤，**跟成員說「要做什麼都行」的話，人反而會陷入「啊？什麼？怎麼辦？我應該做什麼？」的狀態。**

那情況簡直像人突然被帶到沙漠，孤伶伶地被扔在那裡……任何人陷入那樣的狀態都會感到不安，那是再正常不過的。衍生的問題行為反而會增多，無助於成長或幸福的事情發生。簡單說就是，反而變得會降低心理安全感。

因此，開始做一件事時，**先制定出「要成員做到什麼程度」的場域規則＝「自由裁量的範圍」很重要，要告知成員：**

「這場域有這樣的規定。在那範圍內請隨意發揮」
「那個目的是○○，我們對你的期待是○○」
這些意謂著**請成員在「由他人決定」和「可以自己決定」之間，取得適當的平衡**。

舉個例子，我在講座的一開始就會如此宣布：

「課堂上請不要批評別人」
「全部共六堂課，至少必須要出席四次」
這樣就是**主動告知，我認為在團隊中很重要的自由裁量範圍**。意思是，藉由具體告知以下訊息
「這場集會所珍視的價值」
「你的工作的目標是○○，期限到何時為止」
取代處罰，而是賦予人選擇的責任，「到這裡為止可以做，超過就不要做」。

各位可能會覺得意外，其實這樣做更能讓人產生安全感。即便是在孩子的教養上，在做任何事都毫無設限的放任主義下，長大後事實上會有很多問題行為，背後

的原因就是他們未能得到安全感。

不過，**請注意表達的方式**。

「（你）一定要怎樣、怎樣」

這種強迫別人接受規範的講法，會導致人的自律性降低。因此，讓我們**透過「我認為○○」這樣的「我訊息（I-message）」，來傳達吧**！比如：

「我認為想這樣做」

「我認為要重視這件事」

感覺就會像彼此是平等的關係，分享自己認為重要的價值觀，而非上對下的關係。

即使是小集會或私人的連繫，說出

「我是這樣想的」

就不會讓人感覺不舒服，同時確實傳達自己的意思。

不只適用於特定的場域，對自己也同樣適用。不妨**先表明自己的需要：「到這裡為止是YES，從這裡開始是NO」**

據說，最近的研究發現，愈是無法清楚畫出這條界線的人，愈會在私底下不停抱怨。這點要小心呢。

Action Point

設定「自由裁量的範圍」，以鼓勵增強自律性的行動

準備一個讓人能全神貫注的環境，增強自律性

一旦覺得工作有趣而埋首其中，在查找資料、花費心思的過程之際，會愈做愈快樂。不必別人開口要求便完成了許多事，連自己都感到驚訝，相信你也有過這樣的經驗對吧？

正向心理學稱它為**「心流體驗」**（參見次頁的**圖表10**）。此心流體驗是一種高度自律性的狀態。各位也許覺得意外，但據說在職場特別容易發生這種情況，也可以有計畫地讓它發生。

若要列舉三個會引發心流體驗的條件，要點如下：

① 課題的難度和那人的技能勉強達到平衡

② 有明確的目標

圖表10　心流體驗

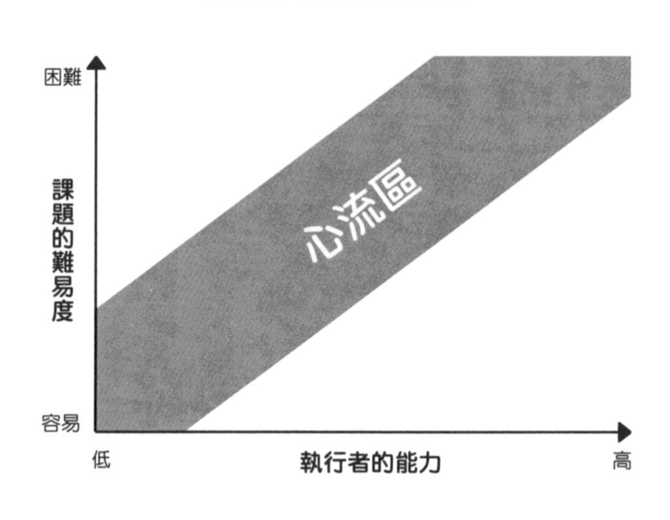

③有立即的回饋

關於①，就是當你或身邊的人要選擇某個課題時，準備一個難度稍微高過目前能力的題目。

②是制定出明確的目標，如：「期限」、「數量」等。接著是③，最好能即時提供回饋，讓當事人知道自己正在接近目標。

就立即回饋這點來說，例如：

- **將進展情形視覺化**
- **聚焦於增進自我效能的過程並且給予鼓勵**

讓我們試著在這方面多用點心吧！

心流體驗雖非必需，但很有用處的是——

「從事那人感興趣，或是能充分發揮那人性格長處的事情。」

當人處於忘我的狀態，「自己能駕馭環境」的感覺會增強，因此心理安全感也會提高。

團體透過進入心流體驗的破冰活動或是玩遊戲，將能提高心理安全感，請試試看有意識地引發這樣的狀態。

Action Point

試著刻意引發心流體驗吧

【自律性】
確認單

在下列各項「自律性」項目，請在你目前做到的打勾☑，若有尚未達成的項目，就從那些讓人「想嘗試」的內容，放手挑戰吧！

- □做事情時都是自己做決定，並能自動自發去做？
- □尊重團隊成員的自律性？
- □即使認為那件事對別人再怎麼有益，仍然會尊重別人的自律性，不加以逼迫？
- □當別人不想做某件事時，會同理他的心情，說明那件事的意義和理由，並注意避免給對方壓力？
- □很重視作為自律性基礎的關係性？
- □盡量不使用賞與罰？
- □在做事情時，一開始就會明確定出「自由裁量的範圍」——到哪裡為止是OK的，從哪裡開始不能做，並與成員分享？
- □很重視能讓人忘乎所以的心流體驗，並會刻意執行以下幾點，以便製造出那樣的狀態？
- □讓能力與課題勉強平衡？
- □立即給予回饋？
- □制定出明確的目標，如：「做到什麼時候（期限）、什麼狀態」？

釐清現今所做之事的目的和意義

「目的和意義」是指引方向的北極星

各位對於自己做之事的「目的和意義」總是有明確的想法嗎？

是否會問自己下列的問題：

「我這麼做是為了什麼？」（目的）

「我想去何方？」（目的）

「我為何那麼在乎那件事？」（意義）

「去到那裡，會有什麼好事發生？」（意義）

或許多數人常常都忘了要如此問問自己了吧？可是這對於提高心理安全感非常重要。

舉例來說，請想像一下你坐上車，車子駛出而你卻不知道它要開往何處時的心

情。一定會感到不安的吧？

或者，一個人孤伶伶地被留在沙漠中，雖然想往北方卻不知該往哪走時，也會非常不安吧。

可是只要看見北極星，便能鬆口氣「朝著那個方向走就行了」突然多了幾分安心感。

透過這樣的想像，我認為就能理解，為何**知道目的會增加心理安全感**。

而**目的如果再加上意義，會更加提升心理安全感**。

「往北走是為了去見家人」

知道那件事對自己「為何如此重要」，就能

篤定地向前邁步。

「如果有個清楚目的，可以朝著那目的更加專精，並且環境能尊重人的自律性，能從事自己想做的事，人就會產生幹勁。」

這是描寫人的動機應有狀態的美國作家丹尼爾・品克（Daniel H. Pink），在《動機，單純的力量》（繁體中文版由大塊文化出版）中說的一段話。

心理學者愛德華・L・德西（Edward L. Deci）認為幸福人生必不可少的要素有關係性、自我效能與自律性，而品克又追加一項「目的」。

在本章之中，我將為各位解釋品克所說的**目的**，**以及再加上「為什麼要那樣做」的意義**。

這兩者中，我們尤其容易忽略的是意義。我們即使會問別人目的何在，但很少會追問意義：

「你為什麼那麼在乎它？」

但事實上，這個疑問非常重要。怎麼說呢？**因為可以看出那個目的是出自於你（自己的期望），還是為了遷就社會和周遭人的常情常理，以免遭到批評。**

目的和意義也有階段之分。最低的是完全沒有目的和意義，只是做著自己正在做的事情；其次是將社會或他人的期待當作目標；再來是最高的**正3階段，擁有基於自己特有價值觀的目的和意義**。

假使你覺得自己目前處於正3之外的階段，請繼續閱讀後面的文章，同時思考新的目的和意義。

Action Point
行動時要想一想其目的和意義

目的是否僅止於「不失敗」？

我在美國和日本兩地都工作過，時不時會感覺到，**在日本，似乎許多進行中的事情都與「目的」脫節。**

當然，大家都很勤奮，對於要做什麼也都一絲不苟，非常優秀。然而若問到是否理解自己正在進行之事的目的，就要先畫個問號了。

以前，我曾受邀去一場非常大型的活動演講。在那裡，一切準備完善，我甚至不禁懷疑

「有必要做到這種程度嗎？」

感覺「不能失敗」似乎成了目的，而非活動本身。

除此之外，**在工作中也經常有人向我確認「做法」、尋求我的同意，**

「這樣做可以嗎？」

「做成這樣也沒關係嗎？」

可是，許多問題是只要想一想那個工作的目的，自然就知道該怎麼做。所以我也會問對方：

「你認為這個工作的目的是什麼？」

很多人沒有一開始就先思考這個問題的習慣。

在評價社會中長大，可能許多人會打從內心相信，隨時都有人在為自己打分數。然而，**如果能認為，現在正在做的事是為了貢獻社會或有助於自己的成長，而不是為了獲得他人的肯定，就會比較容易去思考目的。**

為此，我在講座上和從事其他工作時都會說：

「只要能正確無誤地達成目的，任何做法都可以」

如同本書所舉出的其他要素，心理安全感與目的也有著相互的關係。一旦確立目的，心理安全感就會提高。而只要處在高心理安全感的狀態，隨著恐懼降低，也會相對容易去思考適合自己的目的。

相反的，如果是覺得

「不遵照上司的做法就會被罵」

「自己的評價會下降」

這種低心理安全感的狀態，「不能失敗」就會變成目的了。

Action Point

行動前要思考的是目的和意義，而不是別人的評價和做法

是否錯把「手段」當「目的」？

本書開頭也寫到，心理安全感「是為了人的幸福和成長」，對我們來說這一點非常重要。

人生來就是為了得到幸福。所以**心理安全感是一種手段，為了培養這個重大的幸福**，希望各位要牢記這一點。

我之所以這麼說，是因為**最近有看到一些錯把「提高心理安全感」當成目的的案例**。

一旦變成如此，人就會搞錯目的和手段：

「絕對不可傷害別人」

「不能對人說嚴厲的話語」

「有失敗的可能，就不要去挑戰」變得對人過度保護。這樣的話，會離幸福和成長愈來愈遠。

另外，有些家長很擔心家中拒學的孩子。雖然能理解他們的心情，**但我希望他們這時候更該思考上學和學習的目的。**

我認為其目的應該是為了孩子的幸福。當人們發揮自己的性格長處，並能對他人做出貢獻時，就會更靠近幸福一點。

所以，**上學充其量只是手段，不是目的。**

孩子拒學時，家長們不是只有「讓他去上學」這一個選項，而是要找出那孩子喜歡什麼，並預留足夠的時間讓他學習那樣事物。

假使能找到自己喜歡的事物，埋首其中，進而能對眼前之人的幸福做出貢獻，我想這就足以實現等同於上學的目的了。

我認識這樣一位駐外人員的妻子。據她說，她的孩子升上高中後才移居海外，而當地學校的功課很多，因此常常熬夜寫功課。

也就是說，在這個案例之中也是搞錯了目的和手段。寫功課不應該是目的，而是手段。

我一直認為，**移居到不同文化的地方時，首要目標應該是適應**。這位媽媽與先生商量之後，讓那孩子只要寫他能適應的作業量，其餘的就直接跟學校說「無法完成」就行了。

Action Point

要注意避免弄錯目的和手段

首先要釐清組織和團隊的使命

有一次，一位男性友人訴苦道：

「最近，我們公司高層的醜聞曝光。不禁心想，我的工作對世人一點幫助都沒有，就只是一味徒然地增加營業額。我的工作對社會毫無用處，一想到為了這種工作而拚命的我就覺得好蠢，完全無法再專注其中。」

雖然並非每個企業和組織的高層都有醜聞，但聽到這樣的話還是會心有戚戚焉。相信還是會有許多員工因為同樣的理由，而覺得工作沒有意義、失去動力，不是嗎？

企業等的組織最重要的果然還是，要向社會大眾和公司或組織內部人員，正確傳遞出自己的使命，

「如何對社會有所貢獻？」

「我們想打造一個怎樣的世界」

不然的話，企業和組織恐怕無法在今後繼續存續下去。如今，SDGs（永續發展目標）備受關注，一個企業或組織若不能帶給社會某些影響、員工沒有從中得到工作價值，很可能會在轉眼間被淘汰。

為避免情況演變至此，部門的主管和團隊領導人今後也有必要向成員明示：

「我們公司（組織）一直在追求這樣的目的和意義」

「這個工作的目的和意義是這樣」

世界上有許多乍看之下，似乎對社會毫無用處的工作。

比如，我在美國的住家，常常會接到先生和我畢業的研究所打來的募款電話，而對於這一類募款電話有一項有趣的研究結果。

電話勸募的工作常常會被人拒絕或讓人覺得困擾，使得話務員的工作動機難以持久。

圖表11　目的和意義的層次

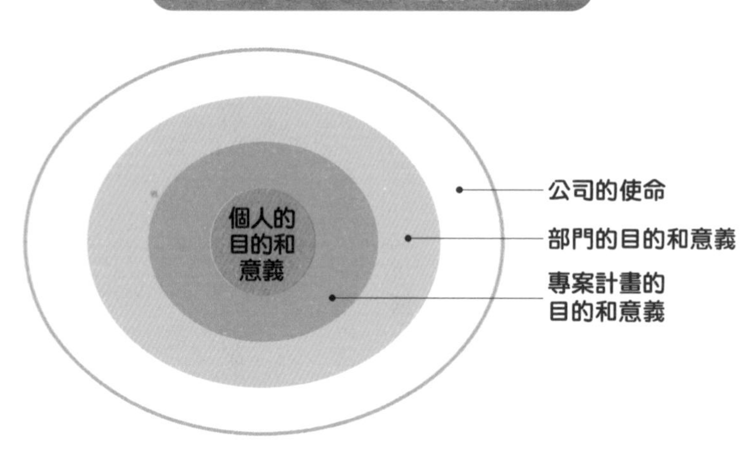

因此，**營運方會向他們報告募到的款項，對經濟困窘學生有莫大的幫助，有多少人因此能夠就讀大學。**於是他們的工作動機就會提高，募到的金額也會大幅增加。

透過闡明工作的目的和意義，造成巨大的變化。

我們從事的工作一定有其目的和意義。為了釐清，以下兩點很重要：

- **組織和團隊要向成員傳達，並讓他們理解工作的目的和意義**
- **身為成員也要自己找出工作的目的和意義**

如上面**圖表11**所呈現的，目的有各種層次。公司的使命、計畫目的，以及從事者個人的目的等等。其中包含了多樣性也很好。如果是年輕人，目的可能就不僅是為了他人，「提升自己的技能」就算是這樣也很好。

了解「我在做什麼？」、「為了什麼而做？」非常重要。

Action Point

向成員傳達組織和團隊的使命

保有「我為了什麼而做？」的視角

前幾天遇到的一位女性上班族這樣對我說：

「我的部門裡有四個人，彼此的人際關係雖然不錯，但我常常要想，他們每個人正在做哪方面的工作呢？作為負責人，我很在意他們不管做什麼都會投我所好。結果變成我要頻繁確認他們各自進行的工作，這會占去我許多時間。每天都要聽很多次報告……」

這是部下們**為了獲得身為上司的她的認可，一再向她報告自己正在進行的事**。

我以前也有同樣的情況，可是這樣的話，上司一旦忙於其他工作，心理安全感就會惡化。

這個案例的問題雖然與關係性、自我效能和自律性都有所牽扯，但果然最大的原因是，**沒有讓部門裡每個人，都確實理解工作的目的和意義。**

然後她還這麼說：

「我把這事告訴我的上司，常常得到的回答是，妳要讓他們競爭。由於部下們的能力和技能幾乎毫無二致，所以就是在競爭中切磋琢磨。

的確，所有人都很安於現狀，完全不見誰會主動提出想去做什麼。**做事的態度就是只想守住自己在部門裡的地位，獲得安全感之類的東西**，而不是追求成長，給人這樣的感覺。

所以我雖然也認為，確實某種程度上需要像是競爭意識這類的東西；但真的要讓他們互相競爭，我其實又非常抗拒。」

就一個擁有多名成員的領導者來說，這種情況應該很常見吧？

她的部下所以為的「安全感」是一種虛假的心理安全感。為什麼這麼說呢？因為只要周遭環境一改變，那安全感轉眼間便會崩潰。

因此作為一個領導者，**這時非常重要的是要思考「其效果是長期的還是短期的」**

如果讓成員彼此競爭，短期內領導者不但容易看到成果，部門裡所有成員也會很勤奮。

可是**長遠來看，「獲勝」成了工作的唯一目的，而工作真正的目的和意義將難以實現。**

再者，**重視勝負的團隊將擺脫不了對落敗的焦慮，使心理安全感受到威脅。**

因此，**真正重要的是，讓每一個成員**

都有機會去思考意義——

「我為什麼想做？」

「為何要做這個？」

這麼做的話，將能長久維持部門中的心理安全感，個人也能在所有人的支持下，為自己覺得重要的事全力以赴。

Action Point

釐清自己所做之事的目的和意義

養成經常思考目的和意義的習慣

這一小節，為了讓我們每一個人都能思考目的和意義，一起來想想應該怎麼做才好。

當然，組織和團隊等的領導者可以一直將這段話掛在嘴邊「我們的目的是〇〇、意義是〇〇」可是**真正的解決方法是，每個人都養成經常思考目的和意義的習慣**。

因為一如先前提到的，公司本身有其目的和意義，而每一項計畫和任務也有各自的目的和意義。比方說，我的公司想打造一個多數人都感到幸福的社會，舉辦正向心理學諮商師養成講座的目的，是讓這個社會有更多懂得利用正向心理學解決問題的專家。

另外，這些人所屬社群（學術研習營）的目的是更新專業知識和交流資訊；社團的目的是建立橫向連繫，以及解決小問題。

然而多數人只是一直在想

「做法有錯嗎？適當嗎？」

因此，為了戒除這種狀況，首先每個人都需要養成問自己的習慣，

「這麼做的目的是什麼？」

「它的意義是○○嗎？」

在這個世界上，事物最初存在的目的和意義，多半會隨著時代變遷而不再切合社會；或者雖然目的和意義已經不存在了，方法卻保留了下來。教育制度也是其中之一。

以我的狀況來說，當我的講座團隊成員愈來愈多時，第一件事就是**告訴成員：**

「請寫出各自所做之事的目的和意義」

讓每個人去思考。

這話意謂著「如果能找到目的和意義，用任何方法都行」，但每個人似乎都有相當多的顧慮。

不過，工作和商業的目的是要對他人的幸福有所貢獻，所以如果只專注在個人的幸福，是不可能做好工作的。取得平衡很重要。

我希望所有讀者也能時時像這樣，去累積思考目的和意義的經驗。這不限於工作，日常生活中也是如此。每天打掃和用餐時也可以這樣做。比方說，「我今天要全力打掃廚房，讓太太做起飯來更順手」先思考接下來要做之事的目的和意義。

即便在日常生活中，每個人也各有各的「做法」對吧，「家事一定要依這樣的順序、這樣做才行」

不過，先將這類以往至今的成規放到一邊，**總之就是養成先思考目的和意義的習慣。因為如果以做法為優先，「是否合乎常理」、「之前（的人）是怎麼做的」**

之類的事便會成為準則。那樣的話會離目的和意義愈來愈遠。

因此，即便是看來理所當然的事，也可以像這樣：

「為了讓家人用起來愉快，把浴缸刷得亮晶晶」

「家裡亂糟糟的，自己住起來也不舒服，就先把它收拾得清清爽爽」

光是思考打掃這項「勞動」的目的和意義，就會漸漸發現做這件事本身的樂趣。而且「能不能再多變一些花樣？」之類的創意會不斷湧現。

群體的會議也是，每個參與者都要經常思考：

「今天開會的目的是什麼？」（目的）

「我為什麼想這麼做？」（意義）

同樣是開會，透過具體思考開會的目的，你要做的事也將有所不同，

「今天的目的是要決定什麼嗎？」

「還是要加深與會者間的關係呢？」

同時間**也要一併思考意義**：

「今天的會議中要決定的那件事為什麼是重要的呢？」

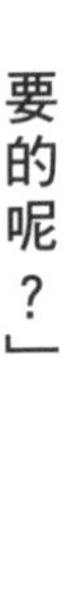

「加深與會者的關係為何重要？」

我很擅長規畫講座和研習，就是因為我總是先問自己這些問題。不善於設計講座和研習的人，會在未釐清這一塊的情況下先思考「要做的事」。

所以說，當我們要做什麼事時，如果能先思考目的和意義，工作的效率和品質都將會大幅提升。

此外，向上司確認時，**如果能有意識地自己先思考過一遍，再把想法告訴上司**，比如這樣說：

「（因為目的是～，意義是～）我覺得這樣做不錯，您覺得呢？」而不是完全讓別人去動腦筋，直接問說「應該怎麼做才好？」這應該會是個很好的練習。

Action Point

想要做什麼時，要同時思考其目的和意義

五年後，你希望是什麼樣子？

「請說說五年後你理想中的狀態」

我在交付工作給員工的時候都會先這麼問他們，如果是對他們的未來有所助益的工作，就會盡量讓他們去做。

這麼一來，公司和員工的目的和意義便會有所重疊，讓彼此的利害一致，雙方都能合作愉快。

會定期人事調動的公司，只要像這樣**詢問員工「五年後的夢想」或是「目前想體驗的事」，然後幫他們安排符合回答中期望的工作，就會提升心理安全感以及做事的幹勁。**

大企業人事調動時多半不會考慮到員工的意向，但員工可能被分派到與自己的目標和人生意義無關的部門工作，對此感到的不安會影響到心理安全感。

我認為，每個人都有自己未來的想像藍圖。

因此作為委派工作的一方，要定期地直接向本人詢問他所勾勒的未來。

至於實施的頻率，可以是三個月、半年、一年或兩年……，依當時的狀況決定即可。

如此一來，員工的工作動機就會提升非常多。部下要是能做得開心且幸福，不論就領導者還是組織的角度來看，都會得到莫大的好處，而且會帶來更多的創新或幸福。

這樣在腦中描繪**自己最初希望擁有的未來，再回推去思考「現在能做什麼」，叫做「向後預測（Backcasting）」。**

與其相反的是「預測（Forecasting）」。意即花心思改善發生過的問題和缺點等等。

常常會有人一直追問失敗的人：

「你怎麼會搞砸了？為什麼？為什麼？」

這樣是無法得到幸福的。

所以要跳脫出容易陷入過去失敗的思維，轉而放眼未來，**想像「最佳的狀態」、「最幸福的狀態」，再從那樣的狀態回頭思考：**

「為了實現那樣的狀態，我現在能做什麼？」

不過，**此時的順序同樣很重要。要先思考目的地，而不是做法。**

透過描繪自己「想變成〇〇」的「理想狀態」，可使目標（想前往哪裡）清楚可見，個人和團隊都更易於朝著目標前進。

並且**要追問意義：**

「為何變成那樣，對你很重要？」

如果這麼做，你肯定也會對這當中發生的化學變化感到驚訝！

我們要讓這種思考法變成一種習慣。領導者有機會與成員一對一會談時，也要問問看他對未來的想像。

我的自我教練法也是要人讓思緒跳躍去一個月後、三個月後、一年後或五年後的未來，勾勒出那時的理想狀態。

這麼一來人就會清楚目的和意義，並能懷著自信去做目前正在進行的事。提高心理安全感，並能有所成長。

我們在工作上有什麼重大疏失時，多半會追究過去做了什麼、在過去尋找「原因」，並思考要怎麼做才不會再次發生疏失，對吧？

然而，**失敗了，就算找到看似原因的事物，但因為沒有成功，所以我們不會知**

道那是不是真正的原因。

因此，**不要認為失敗是壞事。**

「知道最好不要這樣做」
就意謂著朝成功更靠近了一步。

換言之，對我們來說，很重要的就是

「未來應該是什麼樣子？」
思考這個並為了實現它，再去想
「現在我能做什麼？」
而當我們失敗時，重新檢視
「我原本是朝著哪前進的呢？」
再回過頭來思考
「那麼我現在能做什麼？」

之後，評估自己的理想，參考成功實現理想之人的做法——「模仿」也是非常有用的手段之一。

Action Point

先描繪理想的未來，再思考現在可以做什麼

【目的和意義】確認單

下列各項「目的和意義」項目，請在你目前做到的打勾☑，若有尚未達成的項目，就從能力所及的範圍內，嘗試看看吧！

□行動時會經常思考目的，比如：「我這麼做是為了什麼？」

□會思考達成那個目標「為何對你很重要」？

□會在意別人的目光，使得「不要失敗」成了目的？原本的目的究竟是什麼？

□手段會被偷換成目的？

□領導者會對成員明確傳達出組織的使命，或團隊所做之事的目的和意義？

□即使是日常生活，也養成行動時先思考目的和意義的習慣？

□會詢問成員對「〇年後的未來」和「為什麼那樣的未來很重要」，並一起試著思考「為了實現它，現在可以做什麼」？

□會思考「希望有怎樣的未來」，而不是追究過去「失敗的原因」？

擁抱人們的差異，接納「原本面貌」

重新思考「多樣性」

當你聽到「多樣性」時，腦中會浮現什麼呢？想到的問題，是現在正為世界帶來全面性影響的人種、民族、性別，或是性少數族群（Sexual minority）嗎？

各位既然已經讀到這裡，相信都已不言而喻了吧。**對於生活在現代的我們來說，多樣性能夠突破種種障礙，是獲得幸福不可缺少的重要基本需求。**

雖然在此前愛德華・L・德西和丹尼爾・H・品克，已經提出獲得幸福的要素——關係性、自我效能、自律性、目的和意義。但我在這些之外，又加上一項多樣性，因為它是如此重要。這是促成我自己的轉變，背後一個很大的因素。

多樣性與心理安全感有著密不可分的關係。此詞彙代表**「不同性質的事物並存」**的意思，換句話說，**如果能營造一個以下這般「你保持原本的你就好」多樣性被認可的環境，那麼成員就會認為「自己的言行不會破壞連繫」，會使得心理安全感提升**。反之亦然。心理安全感如果很高，成員便容易認為「我做我自己就好」，多樣性也會更受到認同。和其他要素一樣，這兩者也存在相互關係。

在此我要於下方列出與我們的一生有關的多樣性要素，真的是各式各樣、五花八門。

- 國家、人種、民族、文化、地區、家庭、個人
- 性別、年齡、身心障礙、家庭形式、工作方式
- 思想、宗教、哲學、性傾向、價值觀、對事物的詮釋……等

我們常常會想到國籍、人種、性別、年齡、身心障礙等的多樣性，但平常很少意識到的家庭、個人性格、思考方式以及工作方式，也全是形形色色的。

第1章談關係性的同理時也提到，「（雖然我不這麼認為，不過）你是這麼想的吧」

這種如實接受自己和對方意見的不同也是一種多樣性。

我在講座和線上沙龍的課堂上，一開始總會先**告訴成員這樣的價值觀**：

「在這裡，我們**尊重多樣性**」

此「尊重」也有等級之分，在負3到0的階

段，是不批評、不歧視差異，容許多樣性。以「就只是不一樣」來看待差異，不當作判斷優劣、善惡的標準。

接著是我們想達到的層次——**0到正3。此階段認為多樣性是「理想狀態」，喜歡它、擁抱它。並對差異感到「有趣」而認為「不一樣正是那人的長處」**

若能達到這個層次，人生就會非常豐富多采。

關於長處的部分，我會在第6章再做詳細介紹，本章讓我們先思考多樣性與幸福或成長的關係，之後再說明「尊重多樣性的方法」。

Action Point

只要尊重多樣性，心理安全感就會提高

多樣性會增進福祉

人面對未知的事物時，通常一開始都會感到恐懼。因此，在一個具有多樣性的環境裡（有自己不太能理解的人存在），心理安全感會在剎時間之自動降低。

但長遠來看，要從根本提升心理安全感，多樣性是非常關鍵的要素。這一小節就讓我們先來看看多樣性的好處，以便理解這一點。

第一，**在對健康的影響上，多樣性的必要性尤其明顯**。正如有研究指出「幸福的人約多活十年」，幸福和健康的關係密切。跟幸福一樣，多樣性也有益於我們的健康。

為了讓各位對此有所認識，首先一起來看看次頁**圖表12**中「人際關係的多樣性」的重要性。

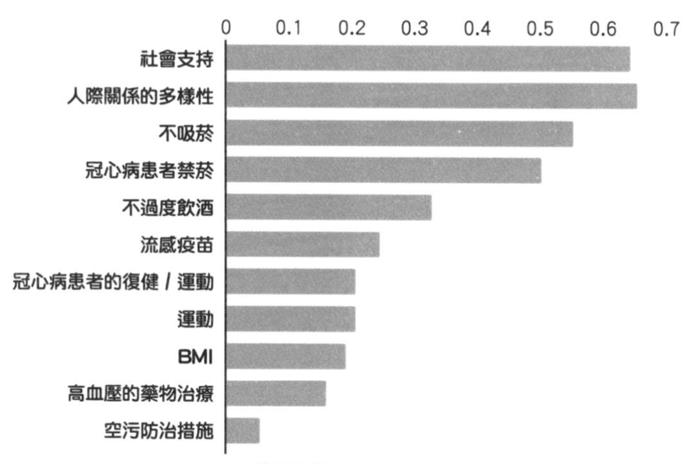

資料來源：Social Relationships and Mortality Risk; A Meta-Analytic Review. Holt-Lunstad 等（2010）

此圖表橫向分析了一百四十八個研究結果，顯示出關係重大的「社會支持」、「人際關係的多樣性」、「不吸菸」、「冠心病（冠狀動脈疾病）患者禁菸」等各個要因，對降低人的死亡風險之影響程度。

排名第一的「社會支持」指的是，在遇到困難時能幫助你的密切關係性。第二名的「人際關係的多樣性」，是指關係性較「社會支持」的那群人疏遠、各種各樣的人。圖表上的數字是勝算比（Odds ratio），以與左列各項要因無關的人當成對照組，展現研究要素對健康的影響程度，如果數字愈大，死亡率則愈低。

仔細看這張圖表就會明白，**與人的關係性對健康＝幸福的影響**，比禁菸、流感疫苗、運動、減少酒精攝取都還要大。

而且，我們常常認為家人和朋友等的密切關係性最為重要，但這項研究得出的結果卻是

「多樣性跟長壽具有與其同等強大的關聯，或是在其之上」

各位對這樣的結果應該都很驚訝吧？

多樣性的存在會對人的健康帶來好的影響，是非常棒的一件事。之後會按部就班為各位說明，除此之外，多樣性還會使人幸福、成長，並提高生產力。

如果了解這一點，比方說遇到感覺有點怪的人——明顯與自己不同類型，像是難相處、動不動就唱反調的人，就**能為此感到慶幸（歡迎）**：

「謝謝你讓我們更多元」
「謝謝你和其他人都不一樣」

Action Point

要是感受到多樣性，要加以歡迎

不僅親密關係，「鬆散的連繫」也很重要

我在講座上使用Zoom的分組討論室進行小組會議時，常會先把住家距離很遠的人、從事不同工作的人、性格長處不同的人、不認識的人分在同一組。到了後半段會再重新編組，把住得很近的人、工作領域相近的人、長處相似的人分在一組。

總之，**先讓那個群體具有多樣性**。

從中可以得到三個效果。

① 眼界變廣，與幸福和成長有關

正面情緒會擴大人的視野（實際上瞳孔真的會放鬆！），與人的成長有關，我們稱之為「擴展與建構理論」。而**直接利用多樣性擴大視野也有同樣的效果，使幸福感升高，進而成長**。

這麼做的話，每一位參與者的包容力都會變大，看事情會更有彈性。即便是開會或工作上的磋商，也能自由表達意見、提出許多點子，使待解決的課題變得有趣而更容易解決。

②形成可以無話不說的氛圍

我們有些話對認識的人會難以啟齒，但如果是對和自己的人生沒有直接關聯的人也許就能說出口了，我將此狀況稱之為「不在場的他人」。因為不論說了什麼，都不會影響到自己明天以後的生活，所以那樣的場域很容易讓人說出真心話。這也是一種提高心理安全感意想不到的方法。

③能縱觀大局且以客觀角度看事情

當人在一個有多樣性的場域裡，會覺得：

「原來每個人都不一樣。那我可以保持我原本的面貌就好」

「我也可以說自己想說的話」

「這樣的價值觀是可以的」
於是能不受拘束地看待事物。

我的線上沙龍參加者來自世界各地，我多次看到他們即使只是聚在一起聊天，就解決了一些煩惱。尤其是聽到他們說，常常只因為接觸到不同的觀點，便覺得「自己的煩惱，其實也沒什麼大不了的」。

就像是能夠擺脫「我必須〇〇」、「我一定要跟大家一樣才行」的束縛，可以正面看待事物，自由地發想或發言吧。

「大家理所當然都會不一樣」
因為這樣的觀念會增進心理安全感。

我們無論如何都會看重與自己關係密切且要好的人，不用說也知道，其關係性一定是擁有相同價值觀的一群人。因此，我們在與人建立關係性時，**「密切的關係」和「多樣的關係」兩者都要並重、取得平衡，這點很重要。**

我的性格有內向的一面，很怕參加全都是陌生人的聚會。可是，在了解這項研究後，我鼓起勇氣去紐約參加一位女企業家舉辦的耶誕派對，透過在那裡結識之人的介紹，認識了我第一本書的編輯（有研究指出，有關工作的資訊絕大多數是經由鬆散的人際關係取得）。

人會恐懼未知的事物。但**即使遇到的人，有著與自己截然不同的價值觀和思維，也不會因為「不了解」而感到害怕**——這樣的態度在現在這時代尤其重要。

Action Point

要均衡維持密切的關係和疏遠而多樣的關係

具有多樣性的組織、團隊，有高生產力

多樣性會拓展人的視野，在孕育幸福和成長的同時，充分利用能力和人脈等創造出各種價值，提高生產力。

這點已被谷歌等眾多先進企業證實。在美國大型顧問公司的調查之中，也得出這樣的結果：多樣性高的企業與其他企業相比，財務績效較高。

教育也一樣。在高多樣性的學校，學識也會上升。

有數據顯示，採取名為「平權運動（Affirmative action）」的入學政策，接受各個人種學生入學的學校，成績表現較其他未採取此政策的學校要好。

「我可以做我自己。可以自由發想、自由發言。而其他成員也可以活出自我」，這種多樣性的根本狀態，將對心理安全感的當下狀態有所影響。

這裡我要舉出增進多樣性的四個關鍵。

①捨棄「所有人必須一樣」

②捨棄「所有人必須平等」

③捨棄「一定要懂得察言觀色」

④覺察並表明自己的需要

引號裡的文字，是日本文化中一直很重視的觀念，①到③的「捨棄」兩字，也許日本人會感覺特別刺耳。但這些全是有助於提高多樣性的重要提示。

下一小節起，將針對這①到④點逐一為各位說明。

Action Point

藉由打造具多樣性的團隊來提升幸福感和生產力

是否認為「所有人都必須一樣」？

各位或許也有過這樣的經驗，我在日本的生活常常會遇上「沒有心理安全感」的障礙。

當中尤其讓我覺得「不舒服」的，是我的孩子在日本小學的暑假期間所發生的一件事。

某日的朝會我去學校參觀。所有學生在「起立！」的口令之下，同時從座位站起說：「早安！」……到此為止我以前也曾經歷過。

可是，在那之後值日生宣布：

「今天〇〇〇的姿勢最好！」

這樣一說，我回想以前有聽過這樣的說法嗎？想不到學生們立刻一同看向被點名的

小孩，開始拚命學他的姿勢，把背挺直、手臂伸直……。

看到那景象的我，彷彿聽見學生們內心的焦慮：

「我這樣的姿勢對嗎？還是錯了嗎？」

而不是在乎姿勢正不正確。這令我感到一陣不舒服。

我猜在那所學校的朝會這樣的制度已成例行公事，才會每天早上理所當然地這麼做。然而，一旦教育小孩**「不能跟大家不一樣」就無法發展出多樣性，認為「跟別人不一樣也ＯＫ」、「我做我自己也ＯＫ」、「他做**

他自己也OK」，更別說是「我就是我，這樣就好」的心理安全感了。導致能帶給每個人幸福的心理安全感也會跟著消失了。

因為像這樣認同每個人的多樣性——「你保有你本來的面目就好」是心理安全感的精髓。

只要得到尊重，就會慢慢發展出多樣性。我希望日本的教育能更關注每一個孩子的多樣性或長處。

Action Point

認同「每個人都不一樣，每個人都很好」

真的是「人人必須平等」嗎？

「平等」聽起來是個非常好的詞彙。

我母親曾非常自豪地說：「我教養小孩時，最注意平等了」。而我在教養一對相差一歲的孩子上，也試圖盡可能做到平等。

可是，有一次我意識到，**我愈是平等對待他們，便愈激起他們的競爭意識，使得心理安全感下降**。舉個例子，家裡有時會此起彼落地聽到「不公平」這個詞——「不公平！哥哥又吃了一塊鬆餅」。

這種情況不是該給兩人一樣多的鬆餅，而是要問：

「那妹妹想吃幾塊？」

然後盡量提供她想要的分量。

也就是說，沒有必要因為你給了一個人眼鏡，就要分眼鏡給地球上所有人。**「必須平等對待」的想法背後存在「每個人的需要都一樣。人沒有不同」的思維。**

我女兒就讀小學低年級時，有一次跟朋友發生爭執，我陪她一起躺在床上，仔細聽她說。

但這時兒子走進房間，立刻抱怨：

「只有妹妹一直跟媽媽聊天，不公平！」

由於當時我已經學過什麼是平等，於是回答他：

「對不起喔。你覺得不公平是不是？現在因為妹妹跟朋友發生了一些事，希望說給媽媽聽。**你有話想跟媽媽說時，媽媽也會好好聽你說喔。**」

試想他聽到這段話，會怎麼反應？

他並沒有像平常那樣發脾氣：「不公平！我也想要！」而是露出放心的表情，開始去做別的事。

在「人應當平等。我也應該得到和別人一樣多」的思維下，注意力會一直放在周遭，在意其他人得到了多少。所以，**如果相信「人的需要是多樣的，自己的需要在必要時會被滿足」，就能專注在自己的身上，使得心理安全感提高**。因此以下的提問才會發揮效果：

「你（我）需要什麼？」（用英語來說就是「What do you need?」）

讓我們切記，一旦被平等制約，有時會無法尊重人的多樣性，擔心「自己可能會吃虧」，使得心理安全感降低。

不過，公平確實很重要。比方說，我也要讓兒子和女兒一樣，即使不是在同一個時間、同一個地點，但也要有被人傾聽的機會。

這種**多樣性的狀態**，應該**也會影響到組織對工作方式的想法**。即使在公司裡，也用不著所有人都一樣。不必一律平等。有人想要彈性工時，有人想定時上下班；有人想要遠端工作，有人認為在辦公室裡才能專心做事。

我在美國經常光顧的超市，會稱工作人員為「Crew（組員、工作人員）」，可以自己自由決定工作時間，並建立可依其工時提供社會保險的制度。學生放暑假時可以排很多班，單親媽媽可以在孩子不在家時外出工作。據說因為這樣，工作人員才能完成每一道程序的工作。

在日本，有時會因為「你這麼做的話，無法給其他人做榜樣」的理由，而不能採取前面的做法，這同樣也是被平等制約了。

我在美國還真的未曾聽聞這種拒絕的理由。我想他們非常清楚，每個人的情況都是不一樣的。

Action Point

比起平等，更該培養「安心感」，讓每個人的需要都能得到滿足

「察言觀色」是與多樣性完全相反的行為

我在日本在意的另一件事，是許多日本人平常會說的一句話，「他很不會察言觀色（白目）」從多樣性和心理安全感的這兩個角度來看，我都不想使用這樣的話語。

就算不使用「察言觀色」一詞，我想它仍然是日本社會常見的事。例如：有人想發言卻立刻被人使眼色：「你不會察言觀色嗎？這種時候別多嘴」這種場景在公司的會議上滿常見。

因為大家的想法都不同，
「我沒說你也應該知道」

「對方理應要察覺到」

這些都是與多樣性完全相反的狀態。偶爾也會看到有人抱怨別人「不會察言觀色」而生氣，但如果希望別人做什麼事，**應當確實用我訊息來傳達，要求對方：**

「我是這麼想的。所以如果你能這麼做，我會很開心。」

請你也試著回想一下自己平常是否會說別人「白目」、「不會察言觀色」，這類好像別人做錯了似的用語。

與日本呈鮮明對比的是各色人種和文化雜處的國家。那裡沒有「白目」這樣的詞彙。所有的文化和價值觀都不同，根本無從察「言」觀「色」。

在美國去到別人家裡，主人問「要喝什麼」時，如果回答「沒關係，請不用費心」，結果真的會照你說的端出一杯白開水。

所以一定要回答：

「麻煩給我○○」

日本常常會**期待別人善體人意，認為**

「就算婉拒了對方，也會端出來吧（不明說對方也能體察我的需要）」

這樣想其實是故作姿態。

所以，**成為領導者的人，尤其要留心向所有人傳達：**

「讓我們用言語，把想說的話說出來」

「心裡有疙瘩就要好好談一談」

我明白日本自古以來的習慣和常規很重要。但現實中，社會今後將更加走向全球化，我們是不是該捨棄——

「因為是日本人，所以價值觀一定相同」

「懂得察言觀色才是日本人」

這樣的思維了呢？

當今之世，即使同為日本人，透過網際網路也能接觸到世界各地的價值觀。**就連在同一條街道、同一個家庭裡長大的人，也有多樣的價值觀。**

因此，如果有人常常批評別人「白目」，那麼那個人才是有問題的，大家會覺得他「無法活躍於全球化的世界」。

「即使我不說，你也要知道」

我也常常被人這麼說。可是久居海外，價值觀幾乎都改變了，老實說，我完全不懂得察言觀色。就算我試著揣摩，恐怕也不可能猜對吧。

今後應該要致力追求尊重多樣性的關係性，讓大家都能活出自我、幸福生活。

Action Point

打造一個環境，沒有「需要察言觀色」的壓力

創造能表明自己需要的文化

對尊重多樣性很重要的是，團隊成員都清楚每個人有不同的需要。

比方說，以前我工作的單位，有位同事總是將「沒有問題」掛在嘴邊。當那位同事突然要離職，我再三詢問他原因，仍然無從而知。

這位看似工作賣力卻突然辭職的員工，與原以為很美滿卻突然離婚的中年夫妻是同樣的情形。不表明自己的需要一直隱忍，卻突然到了臨界點。

也有研究結果指出，愈是這種無法表明自己需要的人，愈會在暗地裡一直抱怨。因為問題絲毫未曾解決。

擺脫這種「我不說你也要知道」的心態，互相表明彼此的需要，加深理解，讓自己的需要得到滿足的狀態，也就是培養心理感到安心的狀態。對這狀態很有幫助的是，所謂的**「非暴力溝通（Nonviolent Communication，NVC）」技巧**。提倡者馬歇爾・盧森堡（Marshall B. Rosenberg）是這麼說的：

「自己認為必要的事，自己不重視的話，誰也不會去重視它。」

從多樣性的觀點來看，你的需要同樣是無可替代。首先，讓我們站上**「承認自己的需要很重要，可以竭盡全力去滿足它」**的起點。

特別是在日本，自我犧牲的文化根深柢固。尤其是對母親的角色嚴苛，正如有句話說「賢妻良母」，常常會「忘了自己的需要」。我一個人帶小孩有過非常痛苦的經驗，也是因為完全不重視「自己需要」的緣故。

要了解自己的需要是否得到滿足，情緒會是個線索。**人在需要得到滿足時會感受到正面情緒**。如：「開心」、「興奮」、「溫暖」、「平靜」、「從容」、「安心」、「感謝」、「感動」等。

另一方面，**當需要未被滿足時，則會感受到負面情緒。**這時會出現如：「孤單」、「難過」、「痛苦」、「焦躁」、「忐忑」、「失望」、「沮喪」、「為難」、「害怕」、「緊張」這類情緒。

如果覺察到這類負面情緒，首先就是為情緒冠上名字，例如：「寂寞」，並探究隱藏在那情緒底下的需要。

意識到自己的情緒並表達出來的「非暴力溝通」，是一種深奧的技巧。非常建議各位透過閱讀相關書籍等的方式來學習，這裡我要介紹這套技巧的四個步驟。

第一步　觀察並客觀地描述事實【觀察】

第二步　覺察自己的情緒，並利用我訊息表達出來【情緒】

第三步　覺察隱藏在情緒深處的需要，為它冠上名稱並表達出來【需要】

第四步　說出期望，以讓需要得到滿足【提出要求】

我也曾因為新冠疫情導致家人關在自己房裡而感到焦躁不安。那時候，我就是學習這套「非暴力溝通」技巧，照著一到四的步驟去做。

1. 最近家人全都待在自己的房裡，只有吃飯時會交談**【觀察】**

2. 覺得寂寞**【情緒】**

3. 為何覺得寂寞？因為我很珍視與家人相處的時光**【需要】**

4. 我也減少工作量，飯後很想和家人一起打電動、看日本動畫**【提出要求】**

按照這樣的步驟去探究之後，我開始能夠與家人一起觀賞《鬼滅之刃》、《我的英雄學院》，度過歡樂時光。這時有意思的是，**在我覺察到（承認）自己「感到寂寞」的瞬間，焦躁不安立刻退去了**。要覺察自己的情緒並不容易，但從多樣性的角度來看，只要相信「我們可以有任何感受」並接納它，就會比較容易覺察到。

「非暴力溝通」中包含許多前面學過的提高心理安全感的要素。

要客觀地觀察並傳達事實，不威脅到與對方的**關係性**↓不否認負面情緒並理解它，提升**關係性**和**多樣性**↓表明需要，能與人互相理解，知道人的價值觀很**多樣**↓要求而非強迫，透過這樣的方式讓別人有選擇，增進**自律性**。或是如「Process Language」所說的，非常重視過程而非結果，所以**自我效能**也會提高。

此外，別忘了生活中與我們有所關聯的人，也跟我們一樣有情緒和需要。「非暴力溝通」即是一種解決問題的有力工具，透過同理他們與他們互動來提高心理安全感。

Action Point

重視自己的需要，並設法讓它得到滿足

【多樣性】
確認單

請在你目前已做到的項目打勾☑，若有尚未達成的項目，請試著在行動中多加尊重「多樣性」吧！

□認同廣義上的多樣性，即「你保持原本面貌就好」？
□理解多樣性的種種好處，並認為「不一樣反而令人激賞」，擁抱差異？
□會盡量均衡地保有各種密切跟疏遠的連繫？
□會有意識地打造具有多樣性的團體？
□認為「我是我、別人是別人，這樣就好」，而捨棄「一定要跟大家一樣才行」的想法？
□會注意盡量讓每個人在必需時得到所需，而不是只在意平等？
□不會「察言觀色」，而是使用恰當的語言與四周的人交流？
□接納別人的自由表達，並會確實說出自己的意見？
□會從自己的情緒中覺察自己的需要，並能坦率地告訴身邊的人？
□總是看到人的長處＝多樣性的基礎？

看到每個人的長處，綻放心理安全感之花

你會關注一個人的「長處」還是「短處」？

看過前面所介紹的五項要素，各位覺得如何呢？

採取哪些行動能提高心理安全感、獲得幸福，我想大家應該了然於心了。接下來是總復習，讓我們來聊一聊「長處」。

「你這一點很不好，最好改掉」

「這是你的弱點，要集中加強這一塊」

在日本，自己的短處經常會遭到別人的指責。

可是，一旦身邊的人老是指出你的短處，你可能會認為「自己沒什麼價值」。

然後就會做出一些行為，好彌補短處與周遭投射期待之間的差距。

而且，**會覺得「我不能失敗，以免別人認為我沒有存在的價值」，因而陷入高度不安、不敢挑戰的低心理安全感狀態。**

各位覺得，消除短處使自己達到平均值的人，和發展長處因而突出的人，哪一方的生產力較高、對社會較有所貢獻呢？

在日本，擁有自己的想法常常會被視為短處，所以我總是戰戰兢兢的。還有人曾跟我說：「妳這種想法很奇怪，請寫一篇更接近普通人想法的文章」。

但自從我去美國的大學留學，我的那些想法開始受到讚賞，

「這是妳的長處」

所以我才會這麼拚命，現在想來幾乎不敢置信。

許多人說「在國外可以活得很輕鬆」，也是基於同樣的理由。尤其是紐約，由於那是個認為「每個人都不一樣是理所當然」的多樣性城市，有種「（發揮自己的長處）隨你高興過生活」的氛圍。在像是曼哈頓之類的地方，我甚至懷疑即使一絲不掛地走在街上，也不會有人在意。

每個人都有長處和短處。而且即使是同樣的性格，長處和短處的認定也因人而異。就算是同一個人的行為，有些人看來是好奇心強的表現，有些人則認為是單純的靜不下來。

這種**「要如何理解同一件事」是可以由自己決定的**。為了生存，我們的大腦總是會去看壞的一面。但不要去責怪自己。

如果發覺自己負面解讀某件事，**要立刻在心裡按下開關，**

「啊，要換個角度思考！」

戴上「長處眼鏡」。因為我們已經得知，只要聚焦在性格長處上，人就會變得健康跟幸福、改善與他人的關係性、提高生產力等等，淨是數不盡的好處！

Action Point

換上「長處眼鏡」吧！

能力的長處有時會助長不安

現在我要問一個問題。說到長處，你會想到什麼？

不就是「工作能幹」、「會讀書」、「運動能力好」、「領悟力高」這類天分或技能上的長處嗎？

沒錯。被人問到長處，多數人馬上會聯想到「人的能力」。

相信你也聽過這樣的話：

「真厲害！不愧是〇〇〇！工作能力很強」

「和〇〇〇不一樣，好優秀！」

「真聰明！考一百分，優秀！」

打算稱讚對方的努力，這些話就不經意便脫口而出了。

不過，正如我在談自我效能時也提過，從心理學的觀點來看，用這種話來誇獎人的天分或能力，有時會同時助長對方的優越感以及不安。

人一旦有優越感，當有可能做不到時，儘管機率很低，可能就會變得不安：「好怕被人拆穿我其實不會」。雖然有個別差異，但用「能力的高低」和他人做比較的優越感，一旦因為某個原因導致自己和那人的關係倒過來，就很容易變成自卑。

而且會希望對方每次都用同樣的方式讚美自己，甚至開始心想：「為了被他喜歡要這麼做」。簡單說就是，**行為的目的變成了「想得到別人的認可」**。

因此我要提出的是「聚焦於性格長處的方法」。即使稱讚別人性格上的長處，也不會讓對方產生優越感，避免之後會帶來的不良影響。

科學上也已證實，**光是了解這種性格上的長處，就能比原先更讓人幸福九．五倍，若善用那項長處，更會增加到十八倍**。

長處是萬靈丹，可以增進目前為止介紹過的心理安全感五項要素。讓我們透過接下來要介紹的方法，來認識自己的性格長處吧！

Action Point
關注性格長處，
而不是能力或技能上的強項

你的「性格長處」是什麼？

這一小節裡，要介紹一種針對前面所談的性格長處的分析方法，你也能用此實際分析看看。

那就是「VIA（VIA性格研究所）的二十四種性格優勢測驗」（免費，有繁體中文版，https://www.viacharacter.org/account/register。或者用「VIA性格優勢測驗」搜尋，即可找到此網站）。

此測驗是**正向心理學學家根據科學數據設計而成，將世界上普遍為人所珍視的數百萬種「價值觀」整理歸納成人的二十四項性格長處**。依序回答一百二十個問題，你將能得到長處分析結果，會按照分數高低從一排到二十四。做完這項測驗將可為你的長處冠上一個名稱，比如「創造力」。

這時會出現的二十四種長處如下：

創造力、好奇心、判斷力、熱愛學習、洞察力、勇敢、毅力、真誠、熱情、愛、善良、社交智慧、團隊合作、公平、領導力、寬恕、謙虛、謹慎、自律、欣賞美麗與卓越、感恩、希望、幽默、靈性

這二十四種長處居然有六千垓（＝十的二十次方）種排列組合！基本上不會得出和其他人一樣的分析結果。此優勢測驗詳細的分析內容和如何培養長處等，詳細請參考日文書《如何培養優勢》（松村亞里監修，Ryan M. Niemiec、Robert E. McGrath著，WAVE出版，英文書名為《The Power of Character Strengths》）。

Action Point

第一步就是利用VIA的測驗來了解你的性格長處吧

「性格長處」就是用最小的力氣，打造最棒的自己

「優勢測驗」中排名前五～七的長處，是你現在最常使用的長處。它們具有以下的三個特徵。

這意指**「長處是那人自我認定（Identity）的一部分」**。比方說，假設你排名第一的長處是「愛」。

然而，如果有人要你

「明天起不可以使用『愛』」

那麼你要怎麼辦？感到很困擾對吧。一定會有種失去了自己一部分的感覺。每個人看到結果之所以會感到意外，

「咦——？我排名第一的長處是它？」

就是因為它真的已經成為自己的一部分了。而且，你想珍視的價值觀也會顯現在分析結果上。

我們在日常生活中非常輕易就會發揮自己的性格長處。

比如，「創造力」是我的強項，不必刻意去想：

「今天我要發揮創造力！」

創造力也會如湧泉般溢出。

然而，**正因為它是自然湧現的東西，所以也有可能過度使用**。

比方說，長處是「善良」的人，對很多人會過度好心，因而感覺到自己正逐漸耗損、精神上燃燒殆盡一般，這也是因為能輕易發揮長處的緣故。

❸活力

我們愈常運用自己的性格長處，**便愈會感到振奮、充滿活力**。它會讓我們敢於挑戰各種事物。

性格長處是我們的一部分，會輕易地滿溢而出，且愈用愈有能量。也就是說，運用自己的長處，就能花最小的力氣成為最好的自己。

很多人會這樣覺得——

「工作就是將就一下換取回報」

「沒有那麼拚命在工作，不好意思拿錢」

但其實正好相反。

「咦？因為這種事收取報酬好嗎？」

會讓人這樣認定的事物，正是你可以在社會上善用的長處。

說到底，最好還是**發揮性格長處，做自己喜歡的事**，而不要試圖克服缺點，不甘不願地做著自己不喜歡的事。

性格長處是不曾學過心理學的人也能加以利用，非常吸引人的工具。

到目前為止已有五百篇以上的論文，證實性格長處在所有領域都能獲得效果。

下一小節起，我們要來看此長處和本書所舉的各項要素之間的關係。

Action Point

利用性格長處，用最小的力氣成為最好的自己

利用長處改善所有的人際關係

有證據證明，長處能改善所有與人的關係性。

首先，**注意性格長處你就會喜歡上自己。會喜歡自己的人，能夠和其他人建立良好的關係。而且，當你告訴對方他的長處，相信那個人也很有可能會對你抱持著好感。**

請各位想像一下。一個老是指責你缺失的人，和一個會告訴你優點的人，你會對何者抱持好感呢？

沒錯，把焦點放在彼此的長處、互相認可，就能建立十分良好的關係性。

舉例來說，父母因為愛孩子，往往不知不覺就看向孩子的短處。可是這樣的話，無法指望親子間會有良好的關係性。

還有研究結果指出「長處獲得父母親關注的小孩，問題行為會減少」。尤其是青春期，要是父母與孩子互動時看到孩子的長處，孩子的壓力就會減少，對父母和自己人生的滿意度會提高，成績也會進步。

夫妻關係也是同樣的道理。會互相看到彼此性格長處的伴侶關係能持久，也會減低離婚率；而即使在職場，上司如果看到部下的長處，部下的問題行為幾乎就會消失，開始能樂在工作。

為了做到這一點，有以下的步驟：

第一步　觀察對方的長處，為那長處賦予名稱，比如「真誠」

第二步　把你認為那是長處的理由告訴對方

第三步　傳達那長處對你造成的影響，並表達感謝之意

假使你**無論如何都會看到短處，訣竅就是在心裡想像有個「長處開關」，用力**

按下它。

這時的步驟如下：

第一步　在你看向短處時做個深呼吸，按下「長處開關」

第二步　發掘對方的長處，注視它

第三步　把那長處告訴對方，鼓勵他利用它來解決眼前的課題

拙作《AI時代長大的孩子，別用千篇一律的教養》（繁體中文版由和平國際出版）第5章對此流程有更詳細的介紹，敬請參閱。

Action Point

相信別人也有長處，把它找出來並告訴對方

我們的思考，不論好壞都會成真！

這一小節，我要為各位解釋長處是如何提高自我效能和自律性的。

眼前有張壞掉的書桌，你想修理卻沒有工具……遇到這種情況你會怎麼做？也許會不知所措、也許只是看著它，根本沒想要動手試著修理它。

可是如果你找到工具箱又會如何呢？難道不會覺得「用這工具可能就能修好它」，於是自然地展開行動嗎？

是的，長處也一樣是「工具」。**知道它的存在會讓人覺得「說不定我可以」，而提高自我效能，不管別人說了什麼，自己都會想有所行動，而增強自律性。**反之，假使認為自己一無所長，就不會有幹勁。

我女兒不知道像誰（笑），總是會用新方法來表現自我，像是從未見過的時尚流行、不曾聽過的遊玩方法等。而我作為家長，有時也會心想：「妳就不能普通一點嗎？」可是這種時候，我總會跟她說：

「妳很有創造力耶♪」

聚焦在女兒的長處而非短處上，並傳達給她。

有一次，女兒跟朋友發生嚴重爭執不知如何是好，我出言詢問她：

「要媽媽把這事告訴老師嗎？」

結果女兒回答：

「嗯──，可是我有創造力，我一定可以想出什麼辦法解決的。」

然後全程就自己想辦法去跟朋友談，沒讓老師介入……。最後看來是設法順利解決問題了。

這是她看到自己的長處，**「我具有創造力，我要自己試試看」**，因而能帶著自

我效能和自律性採取行動的結果。

可是，要是她認為：

「我這人一無是處，不管做什麼都不行」

就不會有所行動。這麼一來，什麼事也不會有所改變，最後她就會相信「我果然很沒用」。

不論好壞，我們的思考就是會變成現實。

正如我女兒的例子，一個人怎麼想會影響到後續的行動。而其行動會影響外在世界，所以就結果來看，發生的事便比較容易和自己所預想的情況一樣。

心理學界稱此現象為**「自我應驗預言（Self-fulfilling prophecy）」**，**意指真的發生自己的預測＝想法**，人在反覆經歷這種感覺的過程中會開始相信：

「我果然具有這樣的長處，自己就可以做到」

認為「大家都討厭我」的人，為免與別人視線相對，會一直看著下方。因此四

周的人也難以與他開口攀談，他就會和所有人都說不上話，於是開始相信「大家果然都討厭我」。

然而**如果認為「大家都喜愛我」，就會大大方方地看著別人的眼睛跟人打招呼：「早安！你好嗎？」，對方也會回應：「我很好，你呢？」**

所謂的思考會變成現實，就是指這樣的情況。

因此，若問我具體作法該怎麼做？那就是去做ＶＩＡ測驗，光是認識自己的長處，就會有很大的效果。

當你觀察他人並就他人的長處給予回饋，它就會進入你的思考之中，而對方的行為也大多會因此有好的轉變。

除此之外，在自己或他人做得很好時詢問：

「為什麼會成功？」

像這樣**詢問成功的理由，就會發現許多長處，使自我效能增長數倍**。

還有，在對方努力要實現目標或是面臨困難時，和那人一起思考該如何發揮他的長處，並鼓勵他採取有益目的的行動吧。可以做的事有很多。

Action Point

將長處與自己的思考連結並採取行動！

長處就是你所珍視的價值觀！

這一小節，我要為各位解釋長處是如何對目的和意義造成影響。

以前，我在面談某位女性時這麼詢問她：

「看到妳的VIA前五大長處有什麼感想？」

她回答我：

「我一直認為真誠很重要，所以看到真誠分數最高，覺得很開心。」

VIA是Value in Action的縮寫，意思是「行動所體現的價值觀」。由這句話也可以看出，**一個人平時所看重的價值觀，會作為長處顯露出來**。

比方說，我的前三大強項是「創造力」、「洞察力」跟「善良」。我覺得有價值的事，是創造出什麼、解決社會問題或對陌生人有所助益，所以我寫書、為了解決問題開辦講座。**認識自己的長處將是你「一生中要面對的考驗」之提示。**

萬一它與自己的價值觀不符會怎麼樣呢？

我以前在大學任教時，有段時期我的課很快便被修滿，許多想參加的人都無法聽講，即使是最近也是如此。像這種情況，我內心的難受其實大過喜悅，覺得心臟陣陣抽痛。

那是因為我太過「善良」，強烈地「希望我的課能幫助到許多人」。我之所以想額外花時間在寫書、開發任何人都能使用的工具上，也是這個緣故。

價值觀是讓我們知道自己「想去何方」、「為什麼想去那裡」的羅盤。若能知道體現那價值觀的長處，自己要做之事的目的和意義就會變得很明確，並與自我革新有所關聯。

以前，從行政事務到網頁製作，我全部都自己來。可是，當目的釐清了之後，我開始會將生命花費在自己認為最重要、感到最快樂的事情上，除此以外的事便會請別人代勞。

了解並發揮自己長處的同時也是一個放手的過程，慢慢將心力或能量傾注於你珍視的事物上。

為此，我建議各位去做VIA的測驗，**認識自己的前五大長處，思考以往自己是如何運用這些長處的，今後又該如何加以善用。**與他人一起分享這些長處，效果尤其巨大。

此外，一般認為如果一份工作能用到自己前七大長處中的四項以上，我們就會覺得那份工作是自己的天職。各位也一起試試看吧！

Action Point

從長處來了解自己所珍視的價值觀

努力開發長處就能看見理想的未來

描繪出包含目的之理想未來，對我們來說非常重要。

這裡我要稍微介紹一下我作為心理諮商師，如何讓看不見理想未來的案主，描繪出他們希望實現的未來。

我在晤談時大致上都按照下列三個步驟進行。

①傾聽問題
②接著描繪希望前往的未來
③然後思考如何從①走到②

有一次，我在這過程中意識到一件事。就是人**如果不清楚自己的長處，便描**

繪不出完整的②。第4章談目的和意義時也提到過，不先決定目的地人就不會動起來。如果缺少了②，就算已採取行動，也可能正朝著不是自己想要的方向前進。

因此，在②這個階段讓人好好描繪「自己理想中的狀態」、「最好的自己」十分重要。這時我會問一些問題：

「假使問題全解決了，明天會如何？」

「如果搭乘時光機去到五年後的世界，你會在什麼地方、做什麼事？」

然而，**認為「自己一無所長」的人，完全無法想像那樣的未來。**

可以想出其背後的原因有：不相信自己有能力做到，因而不自覺地心想「反正一定不可能」；自我評價很低，潛意識裡便認為「我不配擁有美好的未來」等。

換言之，**知道自己的長處才能擁有理想的未來。因為不論發生多麼美好的事，除非當事人願意接受，否則不會成真。**

這與即使出於匱乏感而畫出自己想要的東西，也不會成真是一樣的道理。因為本人並未準備好要接受它。

不過，即使是完全描繪不出未來的人，**一旦我在晤談中仔細分析他的長處，並試著問他對未來的想法……他便突然能夠描繪出一直以來未曾看見的未來**。這樣的轉變真的令人吃驚。

在此，我要說的是開發那位案主長處的方法。這方法也可以應用在小孩、學校裡的學生或公司的部下身上。

訣竅就是在**傾聽案主問題的過程中，發掘他的長處並給予回饋。長處通常就在短處附近**。

通常我會從案主預約諮商，或是走進門的那一刻便開始尋找他的長處。並在聽完他的問題時，收集到一長串有關長處的資訊。

在那些資訊之中藏有許多寶物，例如：在人際關係上展現的友善、在工作上想有所貢獻的心情等。我從中挑選出，有助於解決案主的問題之處，回饋給案主。

此外，我在第一次晤談的最後，請他**找出「過去順利的經驗」，第二次晤談就從分享那些經驗開始。**那當中藏有許多長處，於是我一面使用主動—建構式的回應，一面給予回饋。

那次晤談之中我們**「盤點」了許多令人心跳加速的事物。我請案主回想所有自己曾經喜歡的事物、感到興奮的事物，聊一聊為何會有這樣的感受，藉由彼此談話的過程發現許多長處。**

在第二次和第三次的晤談中，**我們徹底討論在VIA測驗中案主得出的結果。**過程中，案主也開始能感覺到自己其實有許多大大小小的長處。

我一年會進行大約六百次晤談，最一開始時問題都無法解決，真的是很辛苦。然而，當案主學會聚焦在長處上的解決方法並身體力行，九成都能透過三次晤談使問題得到解決，回歸正常的生活。這是一種名為「正向心理學教練法」的技法。

「我這種人什麼都不會」，會這樣想的人很難在腦中描繪理想的終點或未來。可是，只要努力開發自己的長處，自然就能描繪出理想的未來，並被那個未來吸引過去。

這方法有極佳的效果，請各位務必試試看。

Action Point

為了描繪更理想的未來，要先努力開發長處

了解長處，擁抱多樣性

這一小節讓我們來看看，長處如何影響到多樣性吧！

一旦在我的課上體驗過並學會認識自己和他人的長處，很多人都說：

「我開始能肯定自己了」

「我現在能夠欣賞人的多樣性」

而在那之前，不少人都有人際關係的困擾，比如：幾乎每天和青春期的小孩吵架、與伴侶的感情很糟、跟同事個性合不來、非常討厭上司……。

可是當他認識自己和他人的長處，比方說，原本和青春期孩子關係搞得很糟的人，變得能接受「青春期孩子的想法跟成年人的我不一樣」，便不再有任何衝突；原本與伴侶關係很糟的人也說，在了解對方的長處後，以前很討厭對方的優柔寡斷，現在知道其實那是「善良」，而開始覺得「原來他很溫柔」。

長處和短處其實是一體兩面的。

因此，對於個性合不來的同事或討厭的上司，當我們以「這人有什麼優點、性格的長處呢？」來刻意尋找他們的長處，並傳達給他們：

「你很有『熱忱』，做事很拚」

「部長總是『考慮周到』」

關係性就會改善很多。

VIA測驗基本上不會出現兩個一樣的分析結果，能真切感受到人的多樣性。在要求多樣性的現代社會中，即便是公司，**在團隊建立（Team building）等的培訓課程中，讓員工接受VIA測驗並與團隊成員一起討論，光是這樣做就會有很好的效果。**

討論的題目建議分成「現在」、「過去」與「未來」三個部分：

- **現在**——了解長處後有什麼感想？哪一項長處最合乎自己的本性？
- **過去**——到目前為止如何利用那項長處？自己處在最好的狀態時，如何運用那項長處？處在逆境時，又是如何利用它克服？
- **未來**——今後想如何發揮那項長處（選定一個工作或私生活的場景）？如何將它運用於目前的目標或課題？

請各位務必和組織或團體的成員、朋友或家人等，一起接受VIA測驗，一面參考之前提過的《如何培養優勢》，一面實際感受性格長處！

Action Point

了解他人的長處，實際感受多樣性

掌握事前須知，長處就天下無敵！

長處雖為萬靈丹，但仍有一些要注意的地方，要藉這一小節為各位補充說明。

①當心假性長處

不擅長、不覺得興奮，也感受不到熱情的事物，我們稱為「假性長處」（參見次頁的**圖表13**）。與前面介紹的「性格長處的三個特徵」正好相反，雖然擅長但做起來並不容易，是需要很努力、消耗很多能量、非常累人的事物。

這種「假性長處」，有時會為了不辜負四周的期待而發展起來，比如：天分或能力得到別人誇獎，因而不自覺地增強它。

以前我在大學負責心理諮商時，有個學生因為從小擅長英語而選擇進入那所大

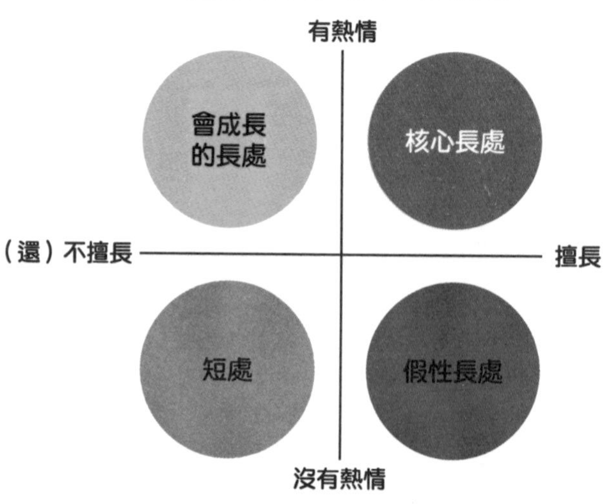

圖表13　當心假性長處

資料來源：英國應用正向心理學學會資料

學就讀。

我於是問他：「你什麼時候開始喜歡英語？」沒想到得到的回答是：**「我從來不曾喜歡英語」**，令我大吃一驚。

以他的情況，照這樣下去一定不會幸福。看看**圖表13**就會明白，**不論多麼擅長、別人多麼希望、對社會有多大助益，自己若不能感受到熱情，那就是「假性長處」**。

工作崗位的調動也是，只要依據本人是否有熱情、能否愉快地全心投入來決定，工作投入度就會提高。

②小心過度使用

雖然長處是花最小的力氣成就最好自己的工具，但由於它很自然便能發揮出來，有時會難以察覺有使用過度的狀況。**當自己或身邊的人並沒有樂在其中，或沒有更加幸福時，就要有所警覺。**

以我來說，當我因為丈夫的關係，一同帶著孩子從日本返回紐約後，我辭掉大學的工作，開始對一般大眾講授心理學，這雖然是不得已的選擇，但我因此覺得自己「找到了天職」。那是我所喜歡的事，而且是我累積十年經驗而擅長的事，會讓人高興、被人感謝——這工作滿足了我對天職的所有條件，每天都帶著興奮的心情設計講座。

不過，在我出了幾本書之後，我發覺自己已燃燒殆盡。由於我從事的全都是自然而然就能做到的事，所以接下許多像是義務性質的工作，又因為新冠疫情的影響，結果就是我從早到晚都工作個不停。連與家人相處的時間都沒有，在許多方面感到煎熬，而這情況也影響到青春期的孩子……。

是的，當時我就是**過度使用長處**。我過度使用「創造力」和「善良」。除此之外我的優點還有「幽默」、「好奇心」、「愛」等等，因太想回應別人的期待而全力以對，沒時間透過我最愛的旅行來滿足我的好奇心，與親密之人的一對一關係也漸漸無法維繫，那段時期我非常痛苦。

現在回想起來，最大的問題在於，當時我並不認為自己的長處和時間具有價值。連自己都如此，別人自然也不會珍惜吧。**好好珍惜自己的長處和時間，思考對自己來說最重要的是什麼，「描繪出最重要之事物能得到滿足的生活方式」是非常重要的。**

諷刺的是，愈是認為自己發揮所長、對貢獻社會有所意義的人，愈容易陷入這種狀態。現在，我也決定要將自己的時間擺在第一位。時時提醒自己放慢腳步，試著找時間做些毫無意義的蠢事、旅行、和所愛的人一起度過，每一天過著符合自己想要的生活方式。

在關於工作類型的研究中，**高工作投入度、工作很起勁的人，和工作狂（工作上癮）的最大差異是，前者「只要感受不到樂趣就能放棄」**。這表示，將自己的幸福和舒適度擺在第一位很重要。

各位如果不再感到興奮，也要試著休息一下。

若是真正的長處，休息過後一定會想再度使用的。

Action Point

如果不再感到興奮，就暫時休息一下

社會是個系統，改變可從任何地方開始！

讀到這裡，我們一起看了心理安全感之花的每一項要素，各位覺得如何呢？了解關係性、自我效能、自律性、目的和意義、多樣性，和其核心的性格長處之作用，還有如何去實踐這些的Action Point後，我想各位應該都知道要如何打造一個讓人有心理安全感的環境了。

我們可以透過讓心理安全感之花在組織、社群、家庭等場域一朵一朵地綻放，來提高心理安全感。可以自由地從自己容易著手的地方做起。這時不能忘記的是，**就算只有一個人也能提高心理安全感**。

即使是抱怨「我的公司無法給人安全感」的人，**也可以由自己率先行動**，比如：「我要一直把注意放在上司的長處，使關係性改善」、「為了大家著想，我要跟公司交涉，改為彈性上下班」、「首先我會盡量不批評別人」，**在自己的周圍建立起迷你的安全基地，讓那裡變成一個能給人心理安全感的場域。**

本書在第1章的最後介紹過一個案例，當事人在大型組織中，透過舉辦「長處學習會」的方式慢慢建構起心理安全感。我周遭有許多人都在做同樣的事。首先是自己要**有所行動：「那我就來發揮自己的長處吧！」**於是旁邊的人也會動起來，使與人的關係性慢慢變好——所有人就是在這樣的相互關係中行動的。

組織高層的人，可以由上而下推動各種改變；不是位居高層的人，也一起在自己半徑一公尺內的人之中，提高心理安全感吧！

家庭、職場和社會都是系統。當你先做了一個小小的改變，就會慢慢影響到身邊的人。提高心理安全感的行動會如同水滴滴落水面，不斷往外擴散。

我們都知道，**幸福是會傳染的**。如果你想要增進心理安全感以打造一個幸福的社會，那麼首先就從對自己的人生負責，幸福地生活做起吧！並為了這個目的持續採取行動。

沒錯，就從此刻、這個瞬間開始，以性格長處為中心，讓專屬於你的心理安全感之花綻放吧！

Action Point

就從今天的一個行動開始，讓你的心理安全感之花綻放！

【長處】確認單

下列各項性格的「長處」項目，請在你目前做到的打勾☑，若有尚未達成的項目，就從小件的事物開始，盡量多加留意吧！

☐在人皆有長處和短處的情況下，會有意識地戴上「長處眼鏡」去看別人的長處？
☐會專注於自己和身邊的人的性格長處，而不是能力或技能上的長處？
☐會和身邊的人一起嘗試做VIA的測驗？
☐對於自己的長處，可以感覺到以下的三點：關鍵＝自我的一部分；簡單＝會自然湧現；活力＝會變得有精神？
☐會找出別人的長處，然後告訴他、鼓勵他多加利用那些長處？
☐會從長處了解自己重視的價值，做出符合那價值觀的行為？並能捨棄不符合那價值觀的事物？
☐會在描繪未來之前先找出許多長處？
☐會和別人分享VIA測驗的結果，實際感受多樣性？
☐會捨棄雖然拿手但感受不到熱情的事物？
☐會主動建立有心理安全感的場域？

「假使現在已經是這樣的情況，你會是怎樣的心情？」

可以的話，問完目的接著問意義。「意義」

【Part3　想出許多方法→選擇一個方法→ 報告】

❼「為此你可以做些什麼？」

和對方一起想出許多到達⑤的狀態的方法。

若想不出來，就再問：「以前進行順利時，你是怎麼做的？」、「它和現在提出的方法有何不同？」等。此外，當目標太大時，要問：「你覺得先變成怎樣比較好？」等，先設定一個小的目標再來想辦法。「自我效能」、「自律性」

❽「目前提出的方法中，你想先嘗試哪一個？」

「這當中感覺最容易做到、讓你躍躍欲試的是哪一個？」

在⑦提出的行動中，先選出一個小的行動。並一起檢視它是否具體、是否是肯定式敘述。「自律性」

❾「你覺得可以將你的哪一個長處，用於哪項行動，又應該如何運用它呢？」

提出可以助長「想要一試」心情的問題。這時也要一併問對方：「你覺得可以做到多少％？」「長處」、「自我效能」

❿「下次請告訴我，你嘗試之後的結果」

附上大致的期限，輕輕拋出這句話。即設定「績效責任」。「自我效能」

「請觀察並告訴我覺得很棒的事情」、「請找出沒有發生那問題的時刻，並告訴我」等，對改變對方的視角，下一次繼續①的提問也很有幫助。

〈參考自紐約均衡人生研究所正向心理學教練法講座〉

一對一也能使用！能在增進心理安全感的同時，加速獲得幸福和成長的問題集

為各位介紹增進心理安全感的提問範例，作為本書的總復習。這是十個可用於工作和私生活，並對幸福和成長有幫助的問題。在如一對一談話的場合，讓我們先從其中一個問題試試看吧！

【Part1　好消息→成功的原因→發現長處】

❶「現在有什麼事進行得很順利？」從這個問題開始！

一開始先進行主動─建構式的回應。「關係性」

❷「你覺得它為什麼會順利？」

「是在你做了什麼事之後？」

提到好消息要馬上問成功的原因。「自我效能」

❸「〇〇是你的長處耶」

「你覺得你的長處在哪裡？」

把你認為有用的長處回饋給對方。「長處」

【Part2　跳到未來談理想→問意義】

❹「今天想談的課題是什麼？」

「有什麼事是你希望能做得更好一點的？」

若有想要決定談話的主題，此時要這麼問。

❺「一旦那問題解決了，會是怎樣的狀態？」

「在什麼時候、情況如何轉變是最好的？」

「在這次談話結束後，希望變成什麼情況？」

跳到未來，自由描繪理想的終點。「目的」

❻「你為什麼認為事情如此轉變很重要？」

「我想把亞里小姐認為很重要、一直在談的心理安全感整理成書」，WAVE出版的大石聰子小姐如此向我邀稿。在我因為花費數十年所累積的知識和領悟太過龐大，主題又過於艱深，一直寫不出來的情況下，我很感謝她給予我許多建議。

另外，我也要感謝所有認真聽我輸出（Out put，在此意指作者將自己的所學和領悟講述出來）並予以實踐、給我回饋的沙龍成員和講座學生，以及協助我工作的經營團隊所有同仁。我能夠充分發揮自己的長處完成本書，全要歸功於各位。

本書可以說是從我的失敗和修正中誕生。經由那段期間的反覆試驗，我找到提高心理安全感的方法，並加以詳細檢查。在講座和線上沙龍中，其效果大到驚人的地步。

另一方面，在與親近的人和家人的關係上，許多事我愈是期待便愈不能如願，並加重負擔。我也要真心感謝在這過程中陪伴我的丈夫和孩子們。

人隨時隨地都能改變。失敗是為了改變未來，而不是用來責怪過去。「失敗存款」變多之後必定會回饋給自身。希望本書能在公司、教育機構、醫療機構、體育界、心理諮商、教練法，以及家庭和親密團體等等的各種場域派上用場。**場域中的心理安全感若是提高，人就會自己成長，獲得幸福。**但願有更多人能夠打造出這樣的場域，增加更多感到快樂的人們，實現多數人都能獲得幸福的富足社會。

並且，我希望能幫助你成為這世上，自己獨一無二人生的創造者，而不是為了某個人、某件事而犧牲！

於紐約的書齋

松村亞里

松村亞里

正向心理學學家、醫學博士

成長於單親家庭，以國中畢業身分取得高中同等學力，日夜努力工作存錢，爾後隻身赴美。語言學校畢業後，進入紐約市立大學就讀，以第一名的成績畢業。之後又前往哥倫比亞大學研究所攻讀臨床心理學碩士、秋田大學研究所攻讀公共衛生博士。曾在紐約市立大學、國際教養大學負責心理諮商和講授心理學課程超過10年。之後隨同丈夫再度回到紐約。2013年開辦心理學講座廣受好評，因而擴大到州內各地。設立「紐約平衡生活研究所」，推廣正向心理學。

2018年9月起，針對旅居世界各地的日本人開辦線上講座。並傾力主辦線上沙龍：在生活中運用正向心理學的「Ari's Academia」，以及在工作中運用正向心理學的「Ari's Academia for Professionals」。

以人們在日常生活中方便採用的形式，提供最新實證資訊，好讓更多人能主導自己的人生，開創幸福。

繁體中文版的著作有《AI時代長大的孩子，別用千篇一律的教養》（和平國際）、《我要當快樂的媽媽，也想成為有價值的自己》（時報出版）、《養出自我效能高的孩子》（世茂）。另負責監修《如何培養優勢》（WAVE出版）。

別讓不安吃掉你的人生

延伸Google「心理安全感」概念，發揮個人最大潛能與團隊共贏

2023年2月1日初版第一刷發行

著　　者　松村亞里
譯　　者　鍾嘉惠
編　　輯　吳欣怡
封面設計　水青子
發 行 人　若森稔雄
發 行 所　台灣東販股份有限公司
　　　　　<地址>台北市南京東路4段130號2F-1
　　　　　<電話>(02)2577-8878
　　　　　<傳真>(02)2577-8896
　　　　　<網址>http://www.tohan.com.tw
郵撥帳號　1405049-4
法律顧問　蕭雄淋律師
總 經 銷　聯合發行股份有限公司
　　　　　<電話>(02)2917-8022

國家圖書館出版品預行編目(CIP)資料

別讓不安吃掉你的人生：延伸Google「心理安全感」概念，發揮個人最大潛能與團隊共贏／松村亞里著；鍾嘉惠譯. -- 初版. -- 臺北市：臺灣東販股份有限公司, 2023.02
256面；14.7×21公分

ISBN 978-626-329-657-2（平裝）

1.CST：組織心理學 2.CST：社會心理學

494.2014　　111019964